Linux 操作系统实例教程

付学良　白戈力　主　编

夏丽娟　李宏慧　副主编

清華大学出版社

北　京

内 容 简 介

本书图文并茂，实例丰富，可以使读者在短时间内快速掌握 Linux 操作系统的使用技巧与管理方法。本书在服务器操作系统 Red Hat Enterprise Linux 8 平台下，按照生产实践环节 Linux 系统管理员应具备的专业技能要求，系统地讲述了环境准备、Linux 系统概述、Linux 系统启动过程及 Systemd 目标、文件操作管理、用户与组管理、特殊权限管理、软件包的安装与使用、Crontab 计划任务、文件系统管理、Swap 交换分区管理、网络管理、防火墙 Firewalld 管理、SELinux 管理、归档压缩技术等内容，培养读者分析问题和解决问题的能力，为今后从事相关工作奠定基础。

本书可作为计算机相关专业的本科生教材，还可作为对 Linux 操作系统感兴趣的读者的参考书。

图书在版编目(CIP)数据

Linux 操作系统实例教程 / 付学良，白戈力主编.
北京：清华大学出版社，2024. 7. -- ISBN 978-7-302
-66513-7

Ⅰ. TP316.85

中国国家版本馆 CIP 数据核字第 2024QD4429 号

责任编辑：李玉茹
封面设计：李　坤
责任校对：翟维维
责任印制：刘海龙
出版发行：清华大学出版社
网　　址：https://www.tup.com.cn, https://www.wqxuetang.com
地　　址：北京清华大学学研大厦 A 座　　**邮　　编**：100084
社 总 机：010-83470000　　**邮　　购**：010-62786544
投稿与读者服务：010-62776969, c-service@tup.tsinghua.edu.cn
质量反馈：010-62772015, zhiliang@tup.tsinghua.edu.cn
课件下载：https://www.tup.com.cn, 010-62791865
印 装 者：三河市君旺印务有限公司
经　　销：全国新华书店
开　　本：185mm×260mm　　**印　张**：12.75　　**字　数**：310 千字
版　　次：2024 年 8 月第 1 版　　**印　次**：2024 年 8 月第 1 次印刷
定　　价：59.00 元

产品编号：104858-01

前 言

PREFACE

Linux 作为一种开源、稳定和强大的操作系统，广泛应用于服务器、嵌入式设备和个人计算机等领域。本书将为读者提供一个全面而实用的学习指南，旨在帮助读者快速了解Linux 操作系统。通过书中提供的丰富实例测试以及翔实的步骤解析，使读者轻松掌握Linux 的基本操作和高级管理技巧。

本书使用的环境是基于 VMware Workstation + Red Hat Enterprise Linux 8 平台。

全书共分为 14 章，各章的主要内容说明如下。第 1 章讲述本书实验环境的构建。第 2 章介绍 Linux 操作系统的基本概念、特点和历史背景。第 3 章深入探讨 Linux 系统的启动过程，以及 Systemd 目标的概念及其使用方法。第 4 章对 Linux 系统中的文件和目录操作进行讲解。第 5 章介绍 Linux 系统中用户与组的概念以及相关的管理技巧。第 6 章讲解 Linux 系统中的特殊权限管理及用法。第 7 章介绍软件包的安装与使用。第 8 章讲解 Crontab 计划任务的相关知识。第 9 章针对如何查看磁盘空间、创建以及格式化等 Linux 文件系统方面的知识展开论述。第 10 章讲解设置和管理 Swap 交换分区的相关知识。第 11 章对 Linux 系统下的网络配置与管理进行探讨。第 12 章对如何使用 Firewalld 防火墙来保护 Linux 系统，防范网络攻击和入侵等知识进行讲解。第 13 章介绍 SELinux 的安全机制及其相关操作。第 14 章讲解使用 tar 命令管理压缩归档包的相关知识。

本书由内蒙古农业大学的白戈力和付学良主编及统稿，由夏丽娟和李宏慧任副主编，参与本书编写的还有潘新和王翠茹。其中，白戈力编写了第 1、5、14 章，付学良编写了第 2、3 章，内蒙古广播电视台的夏丽娟编写了第 4、11 章，李宏慧编写了第 6、7 章，潘新编写了第 8、10、12 章，内蒙古艺术学院的王翠茹编写了第 9、13 章。

由于编者水平有限，书中难免存在疏漏，恳请广大读者批评、指正。

编　者

课后作业答案

课件

目 录

CONTENTS

第1章 环境准备

本章知识点结构图

环境准备
- VMware Workstation概述
- 安装VMware Workstation
- 在VMware Workstation中通过ISO镜像安装Linux系统
- Red Hat Enterprise Linux 8下的Activities隐藏菜单
- VMware Workstation下的虚拟机快照和克隆技术
  - VMware Workstation下的虚拟机快照技术
  - VMware Workstation下的虚拟机克隆技术
- 通过Xshell远程操作Linux系统
  - Xshell概述
  - 在Windows操作系统上安装Xshell
  - 通过Xshell远程连接Linux虚拟机的方法

本章将详细介绍 Linux 系统的环境准备，包括安装 VMware Workstation、新建 Linux 虚拟机、通过 ISO 镜像安装 Red Hat Enterprise Linux 8(简称 RHEL8)、RHEL8 下的 Activities 隐藏菜单的使用、VMware Workstation 下的虚拟机快照和克隆技术以及通过 Xshell 远程操作 Linux 系统等技术。

1.1 VMware Workstation 概述

VMware Workstation 是一款虚拟化软件，由 VMware 公司开发和维护。它允许用户在一台物理计算机上创建和运行多个虚拟机，每个虚拟机可以独立运行不同的操作系统(如 Windows、Linux、MacOS 等)和应用程序。

VMware Workstation 的主要特点和功能有以下几个。

(1) 多平台支持。VMware Workstation 可以在 Windows 和 Linux 操作系统上运行，使用户能够在不同平台上创建和运行虚拟机。

(2) 创建和配置虚拟机。用户可以使用 VMware Workstation 创建新的虚拟机，并为每个虚拟机分配所需的资源，如处理器核心、内存、硬盘空间等。此外，还可以设置网络连接、设备映射和其他高级配置选项。

(3) 快照和回滚。VMware Workstation 允许用户创建虚拟机的快照，这是虚拟机在特定时间点的完整状态的镜像。用户可以随时回滚到先前的快照，以还原虚拟机的状态，这对于软件测试、软件开发和系统配置非常有用。

(4) 共享虚拟机。用户可以使用 VMware Workstation 共享他们创建的虚拟机，以便其他人可以在本地计算机上运行虚拟机，而不用重新创建。这对于团队协作和软件演示非常方便。

(5) 克隆和部署。VMware Workstation 允许用户快速克隆虚拟机，并创建相同配置的多个副本。此外，还可以将虚拟机导出为独立的可执行文件或部署到 VMware vSphere 等虚拟化环境中。

(6) 虚拟网络。VMware Workstation 提供了强大的虚拟网络功能，可以模拟不同的网络环境，如局域网、广域网和云网络，这使用户可以测试网络应用程序和配置复杂的网络拓扑。

1.2 安装 VMware Workstation

安装 VMware Workstation 的步骤如下。

(1) 下载安装程序。前往 VMware 官方网站或授权渠道，下载适用于用户操作系统的

VMware Workstation 安装程序，这里使用的是“VMware-workstation-full-16.2.3.exe”。

(2) 运行安装程序。找到下载的安装程序文件，双击运行它，将启动安装向导。

(3) 接受许可协议。在安装向导中，阅读并接受 VMware Workstation 的许可协议。只有在接受协议后才能继续安装。

(4) 选择安装类型。安装向导将询问用户要执行的安装类型，可以选择“典型安装”或“自定义安装”。“典型安装”将使用默认的选项进行安装，而“自定义安装”允许用户选择安装位置和其他选项。

(5) 选择安装位置。如果选择了“自定义安装”，安装向导将要求用户选择安装 VMware Workstation 的位置。选择一个合适的目录后单击“下一步”按钮继续。

(6) 输入许可密钥。如果用户有许可密钥，可在安装向导中输入该密钥。如果没有密钥，可以选择以后输入。

(7) 选择组件。安装向导将显示 VMware Workstation 可用的组件列表。用户可以根据自己的需求选择要安装的组件。通常情况下，建议保持默认选项。

(8) 配置网络(可选)。安装向导会提示用户配置网络选项，有 3 种模式可供选择，即 NAT 模式、桥接模式和自定义模式。用户可根据自身的网络环境和需求进行选择，然后继续下一步的安装。

(9) 完成安装。安装向导将显示安装设置的摘要。检查设置，并单击“安装”按钮，此时系统开始安装 VMware Workstation，安装过程可能需要一些时间，需耐心等待，直到成功完成安装。

(10) 启动 VMware Workstation。安装完成后，启动 VMware Workstation，可以看到 VMware Workstation 的主界面，如图 1-1 所示。

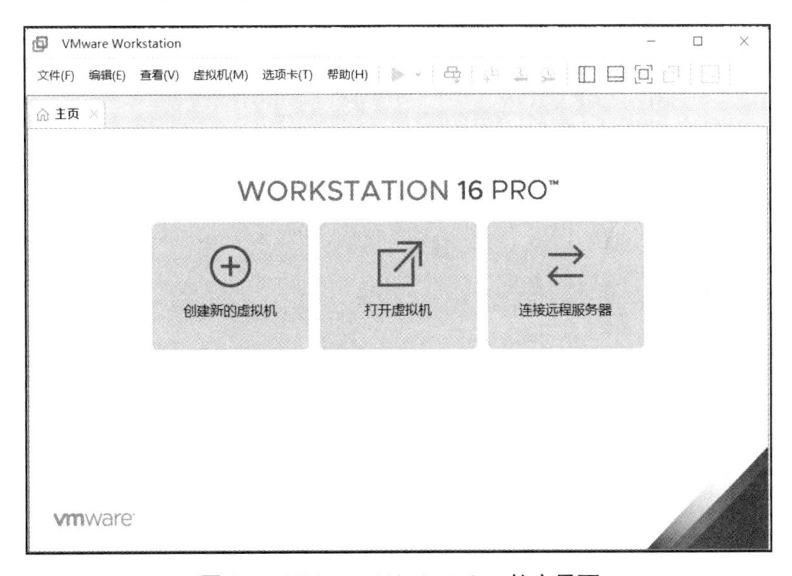

图 1-1 VMware Workstation 的主界面

1.3 在 VMware Workstation 中通过 ISO 镜像安装 Linux 系统

从官网下载 Linux 系统的 ISO 镜像，本书使用的是“rhel-8.0-x86_64-dvd.iso”。下面讲解在 VMware Workstation 中通过 ISO 镜像安装 Linux 系统，具体步骤如下。

(1) 打开 VMware Workstation。启动 VMware Workstation 应用程序。

(2) 创建新虚拟机。在 VMware Workstation 主界面单击“创建新的虚拟机”按钮或选择“文件”菜单中的“新建虚拟机”命令，选择“在 VMware Workstation 中通过 ISO 镜像安装 Linux 系统”选项，将启动虚拟机创建向导。

(3) 选择安装方式。在虚拟机创建向导中，选择“典型(推荐)”或“自定义”安装方式。通常建议选择“典型(推荐)”选项。

(4) 选择安装操作系统。在虚拟机创建向导中，选择要安装的 Linux 版本。

(5) 指定 ISO 镜像文件。在“安装方式”界面，选择“稍后安装操作系统”，然后单击“下一步”按钮。在“选择安装媒介”界面选择“使用 ISO 镜像文件”，然后单击“浏览”按钮，找到并选择用户下载的 Linux ISO 镜像文件。

(6) 命名虚拟机。为虚拟机指定一个名称，并选择虚拟机的存储位置。

(7) 为新安装的 Linux 系统创建一个普通账户并设置密码。注意：此密码既为普通用户的密码，也为根用户(root)的密码，如图 1-2 所示。

图 1-2 设置普通账户及密码界面

(8) 安装设置。根据需求为虚拟机分配处理器、内存、硬盘空间，并对网络进行设置。可以根据推荐设置进行调整，或按需求进行自定义设置，如图 1-3 所示。

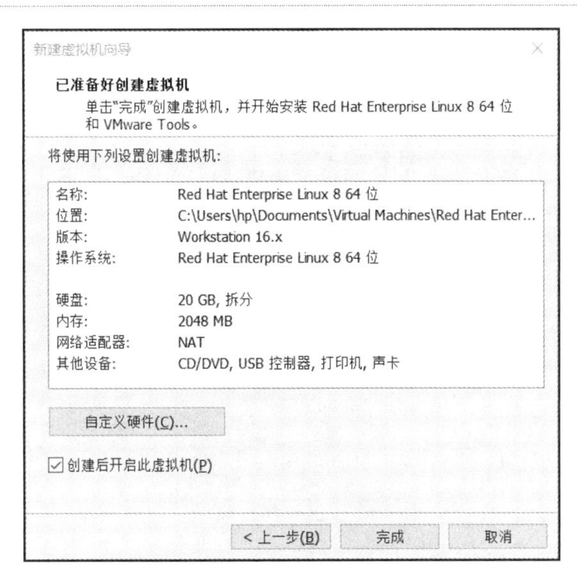

图 1-3 虚拟机设置界面

(9) 完成创建虚拟机。设置完成创建虚拟机的向导，单击“完成”按钮。

(10) 启动虚拟机。在 VMware Workstation 主界面，选择刚创建的虚拟机，然后单击“开启此虚拟机”按钮，启动虚拟机，并开始从 ISO 镜像文件中引导和安装 Linux 系统。

(11) 安装 Linux 系统。按照 Linux 系统安装过程中的提示，选择语言、键盘布局和其他系统配置选项，选择磁盘分区和安装位置，完成 Linux 系统的安装。

(12) 完成安装。安装完成后，虚拟机将重新启动，并显示 Linux 系统的登录界面，如图 1-4 所示。可以使用在安装过程中设置的用户名和密码登录 Linux 系统，也可以单击“Not listed？”按钮，在用户名处输入“root”，密码为之前设置的密码，以管理员 root 身份登录。

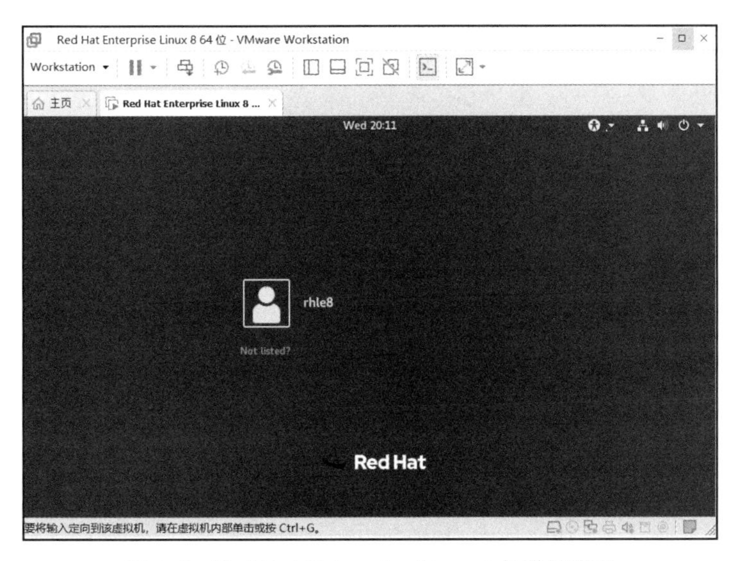

图 1-4 Red Hat Enterprise Linux 8 的登录界面

RHEL8 的主界面如图 1-5 所示。单击左上角的 Activities 按钮，可以打开隐藏菜单，其中包含了常用的组件。

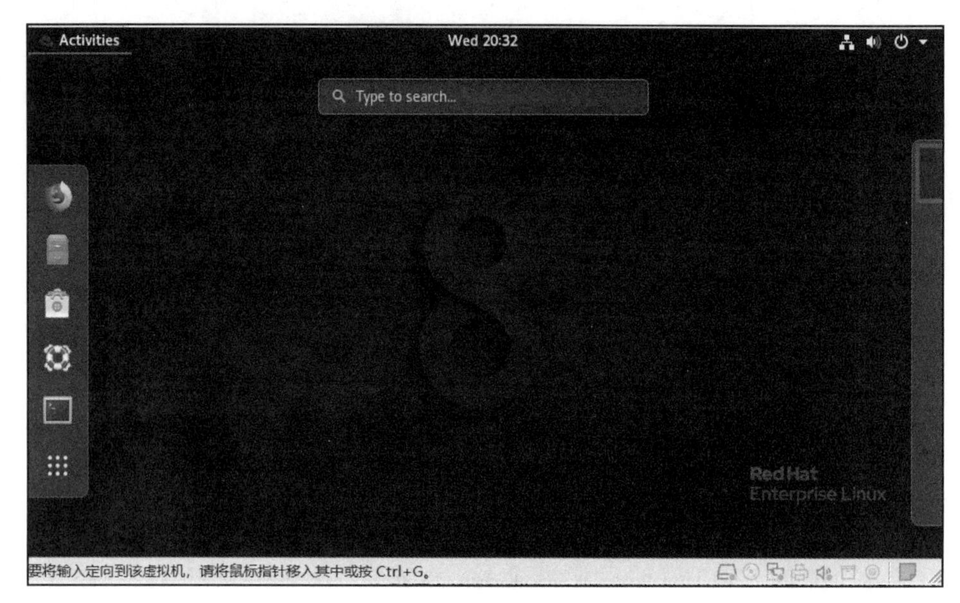

图 1-5　RHEL8 的主界面

1.4　Red Hat Enterprise Linux 8 下的 Activities 隐藏菜单

在 RHEL8 桌面的左上角，提供了 Activities 隐藏菜单，其中包含了一些常见的菜单项(界面上显示为对应的图标)。

(1) Firefox。单击此菜单项将启动 Firefox 浏览器，可以用它来浏览互联网、访问网页和执行在线任务。

(2) Files。单击此菜单项将打开文件管理器(通常是 Nautilus)，可以用它来管理文件和文件夹，包括创建、复制、移动、删除文件，以及浏览计算机的文件系统。

(3) Software。单击此菜单项将打开软件应用商店(通常是 GNOME 软件)，可以用它来浏览、安装和卸载各种软件应用程序，包括桌面应用、开发工具、媒体播放器等。

(4) Help。单击此菜单项将提供有关系统和应用程序的帮助和文档资源，可以在这里找到关于 RHEL8 桌面环境的详细信息、常见问题解答、在线支持和发布说明等。

(5) Terminal。单击此菜单项将打开终端窗口(通常是 GNOME 终端)，可以在终端窗口中执行各种命令行操作，包括系统管理、软件安装、文件操作等，如图 1-6 所示。

(6) Show Applications。单击此菜单项将显示所有可用的应用程序图标，类似于

Windows 操作系统中的“开始”菜单，可以从中启动所需的应用程序。

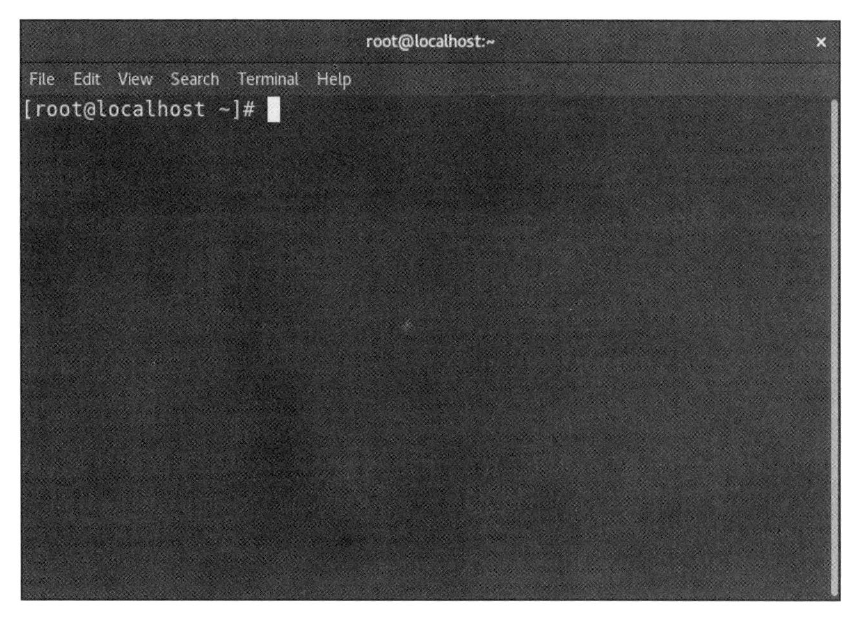

图 1-6 终端窗口

通过这些菜单项，可以方便访问和使用 Firefox 浏览器、文件管理器、软件应用商店、帮助文档、终端窗口以及所有安装的应用程序。图 1-7 所示为单击 Show Applications 菜单项后显示的应用程序界面。

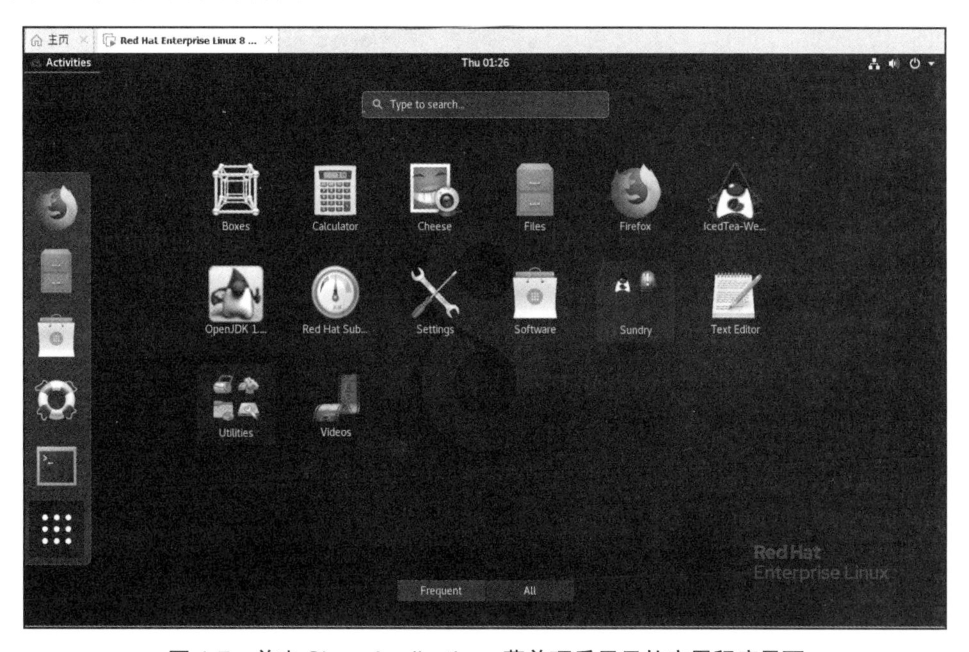

图 1-7 单击 Show Applications 菜单项后显示的应用程序界面

1.5 VMware Workstation 下的虚拟机快照和克隆技术

1.5.1 VMware Workstation 下的虚拟机快照技术

在 VMware Workstation 中，快照是一种功能强大的技术，可以捕捉并保存虚拟机在特定时间点的状态。当用户创建一个快照时，它会记录虚拟机的内存、虚拟磁盘和设备状态以及其他相关信息。这样，用户可以在需要的时候回滚到先前的状态，或者创建多个分支以便进行实验、测试或备份。下面是一些关于 VMware Workstation 中快照技术的常见操作和概念。

(1) 创建快照。用户可以在 VMware Workstation 中创建虚拟机的快照，也就是记录当前虚拟机的状态，包括内存、磁盘和设备状态。用户可以在任何时间点创建快照，并为每个快照提供一个描述性的名称。

(2) 回滚到快照。当用户需要返回到之前的状态时，可以选择回滚到先前创建的快照。回滚允许将运行中的虚拟机状态还原为快照创建时的状态，包括内存、磁盘和设备状态。这对于测试新软件、进行配置更改或恢复系统故障非常有用。

(3) 快照管理。VMware Workstation 允许用户管理虚拟机的快照，包括列出、浏览和删除已创建的快照。同时，用户还可以选择删除当前快照之后的所有快照，或者将当前状态设为新的基准快照。

(4) 快照树。如果用户在同一个快照之上创建了多个快照，它们将形成一个快照树。这允许用户在不同的分支上进行实验或测试，并随时返回到快照树中的其他节点。用户也可以通过浏览快照树来选择特定的快照进行回滚或删除操作。

需要注意的是，虚拟机的快照可能会占用大量的存储空间，特别是虚拟机的状态发生频繁变化时。因此，在使用快照技术时，建议对存储空间进行适当规划，并定期清理或合并不再需要的快照。为了节省存储空间，建议将虚拟机关机后再制作快照。

如果选择“虚拟机”→“快照”→“拍摄快照”命令，会将当前的状态记录下来，如图 1-8 所示。

制作快照需要一定的时间，在下方的状态栏中会显示完成进度百分比。当快照制作完毕时，会在“虚拟机”菜单下的“快照”子菜单中看到刚才已经制作好的快照，这里是“快照 1”，如图 1-9 所示。

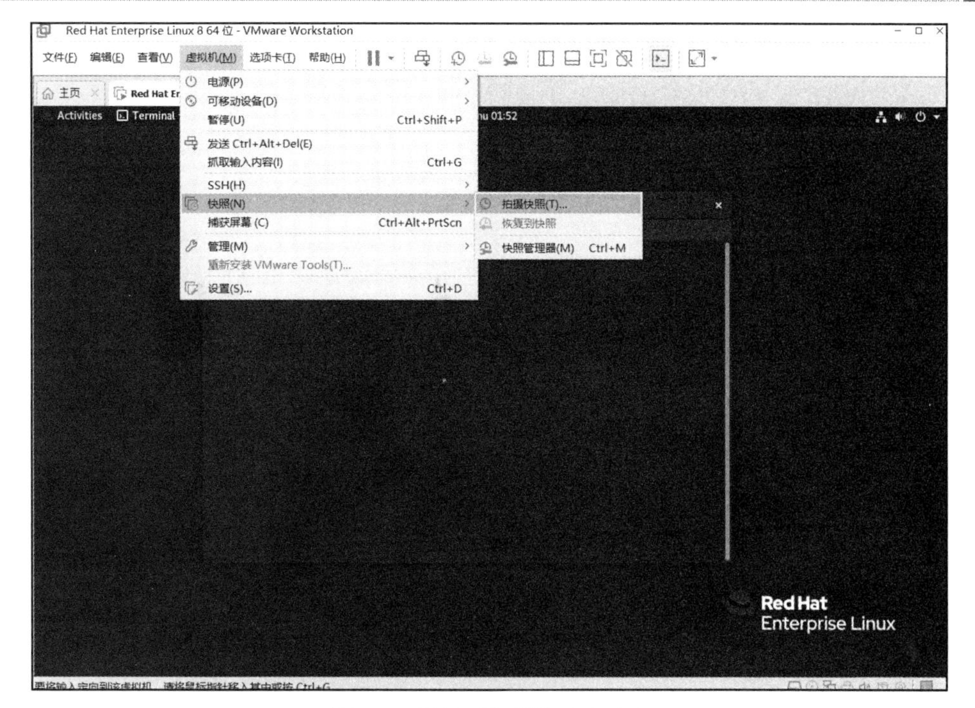

图 1-8 选择“拍摄快照”命令

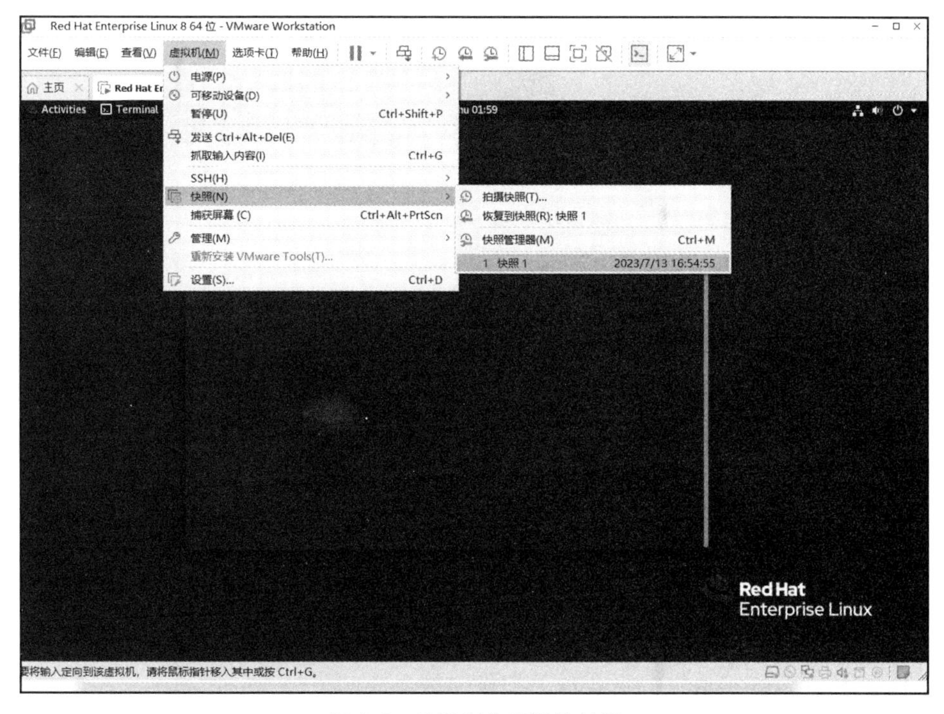

图 1-9 快照制作完毕的效果

如果想恢复“快照 1”的状态，可以直接单击鼠标左键，然后选择“恢复到快照：快照 1”命令。恢复快照也需要一定的时间，在状态栏中会显示恢复进度百分比。

1.5.2 VMware Workstation 下的虚拟机克隆技术

在 VMware Workstation 中可以使用虚拟机克隆技术，轻松创建虚拟机的副本，快速构建虚拟机。具体操作步骤如下。

(1) 打开 VMware Workstation 软件，在主界面上选择要克隆的虚拟机。在菜单栏中选择“虚拟机”→“管理”→“克隆”命令，如图 1-10 所示。注意：想要克隆某台虚拟机，需要先将该虚拟机关闭；否则是无法进行克隆的。

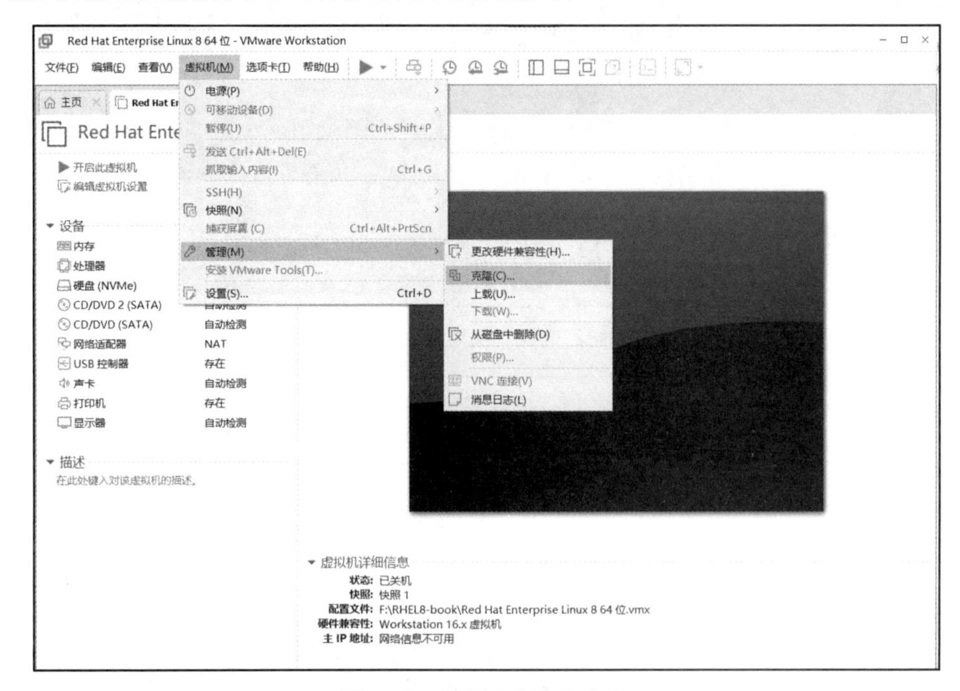

图 1-10 选择“克隆”命令

(2) 在弹出的对话框中选择想要使用的克隆类型。有两种常见的克隆类型可供选择。

① 完整克隆(Full Clone)：选择此选项会创建一个独立于原始虚拟机的新虚拟机，所有文件和配置都将完全复制。

② 链接克隆(Linked Clone)：选择此选项会创建一个与原始虚拟机共享一些公共磁盘文件的新虚拟机，只有更改的部分会被复制。

为了节省空间，一般都选择链接克隆，如图 1-11 所示，然后单击“下一页”按钮。

(3) 需要输入克隆虚拟机的名称以及存储位置，如图 1-12 所示。

(4) 单击“完成”按钮，开始克隆过程。

VMware Workstation 将会根据选择的克隆类型和配置选项，在指定位置创建新的虚拟机副本。克隆完成后，在 VMware Workstation 主界面就可看到克隆好的这台虚拟机了，使用方法与普通的虚拟机相同。

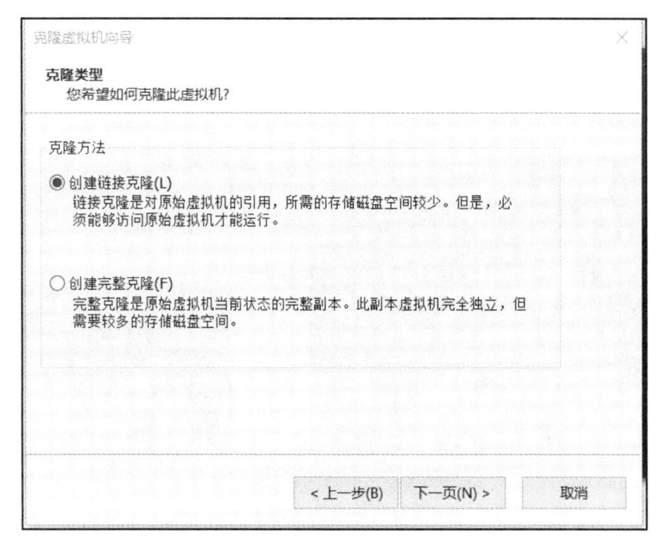

图 1-11　选择克隆类型

图 1-12　设置克隆虚拟机名称及存储位置

1.6　通过 Xshell 远程操作 Linux 系统

1.6.1　Xshell 概述

Xshell 是一款功能强大的 SSH(Secure Shell)客户端软件，由 NetSarang 公司开发。它提供了一种安全的方式来远程访问和管理计算机，尤其适用于系统管理员、开发人员和网络工程师等需要远程连接到 Linux、UNIX 和其他基于 SSH 的服务器的用户。Xshell 官网界面如图 1-13 所示。

图 1-13　Xshell 官网界面

Xshell 的主要特点和功能如下。

(1) SSH 协议支持。Xshell 完全支持 SSH 协议，提供了安全的远程访问和通信，保护用户的数据传输免受窃听和篡改。

(2) 多会话管理。Xshell 允许同时管理多个 SSH 会话。用户可以在一个窗口中打开多个会话标签，方便快捷地切换和管理不同的远程连接。

(3) X11 转发。Xshell 支持 X11 转发，允许用户在远程计算机上运行图形应用程序，并将图形显示到本地计算机上。

(4) 字符串替换。Xshell 提供了字符串替换功能，使用户能够快速替换文本中的特定字符串。这对于批量操作和快速修改文本非常有用。

(5) 自动登录和脚本执行。用户可以配置 Xshell 自动登录到远程主机，取消手动输入用户名和密码的步骤。此外，Xshell 还支持执行自定义脚本，可在远程主机上自动执行一系列命令。

(6) 会话管理器。Xshell 提供了会话管理器，方便用户组织和管理不同的远程连接。可以保存会话配置，并根据需要进行导入和导出。

(7) 基于标签的界面。Xshell 使用基于标签的用户界面，使用户可以在单个窗口中同时管理多个会话。还可以轻松切换标签，并在不同的会话之间进行拖放操作。

(8) 配置和自定义选项。Xshell 提供了广泛的配置和自定义选项，使用户可以根据个人偏好和需求进行各种设置，包括外观主题、字体、键盘快捷键等。

1.6.2　在 Windows 操作系统上安装 Xshell

(1) 下载 Xshell 安装程序，访问 Xshell 官方网站(https://www.netsarang.com/zh/xshell/)。在网站上找到下载 Xshell 的链接，并选择适合的操作系统版本(如 Xshell 7)，单击“下载”

按钮，保存安装程序到用户的计算机上。

(2) 运行安装程序，找到下载的 Xshell 安装程序(通常是一个.exe 文件)。双击运行安装程序，开始安装过程。安装 Xshell 的过程比较简单，按照默认设置单击“下一步”按钮即可，应注意安装位置。

(3) 安装完成后，会在计算机桌面上自动创建 Xshell 的快捷方式图标，直接单击该图标即可快速启动 Xshell。

1.6.3 通过 Xshell 远程连接 Linux 虚拟机

要想使 Xshell 远程连接 Linux 虚拟机，需要提前获取 Linux 虚拟机的 IP 地址才可以。在 Linux 系统的终端窗口中，执行“ip a”命令获取本机的 IP 地址，如图 1-14 所示。可以看到，这里的第一台 Linux 虚拟机的 IP 地址为“192.168.174.138”。

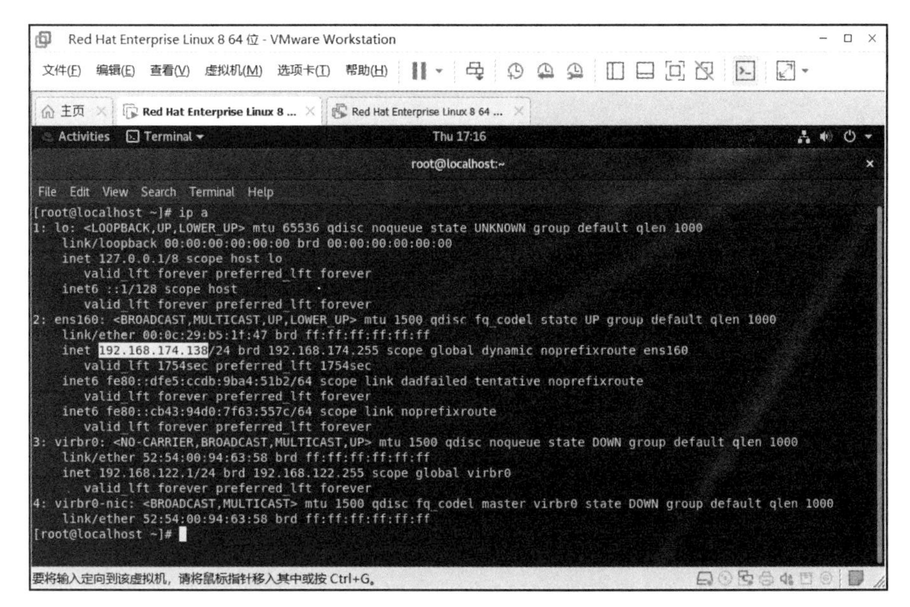

图 1-14 查看 Linux 虚拟机的 IP 地址

打开 Xshell，选择“文件”→“新建”命令，在弹出的“新建会话(S)属性”对话框中输入连接名称、连接 Linux 虚拟机的 IP 地址等信息，如图 1-15 所示。

单击“确定”按钮后会弹出“主机密钥”对话框，单击“接受并保存”按钮，接着输入连接 Linux 系统的用户名及密码，这里使用管理员 root 身份进行连接，同时选中“记住该用户名”和“记住此密码”复选框，以后再次连接时就无需输入用户名和密码了。

为了让 Xshell 的界面更加美观，字体更加清楚，可以设置 Xshell 的配色方案以及字体大小。方法是在 Xshell 的工具栏上找到“配色方案”设置按钮，然后选择 Black on White 样式，同时将工具栏中的字体大小设置为 12 号，设置完成后的效果如图 1-16 所示。

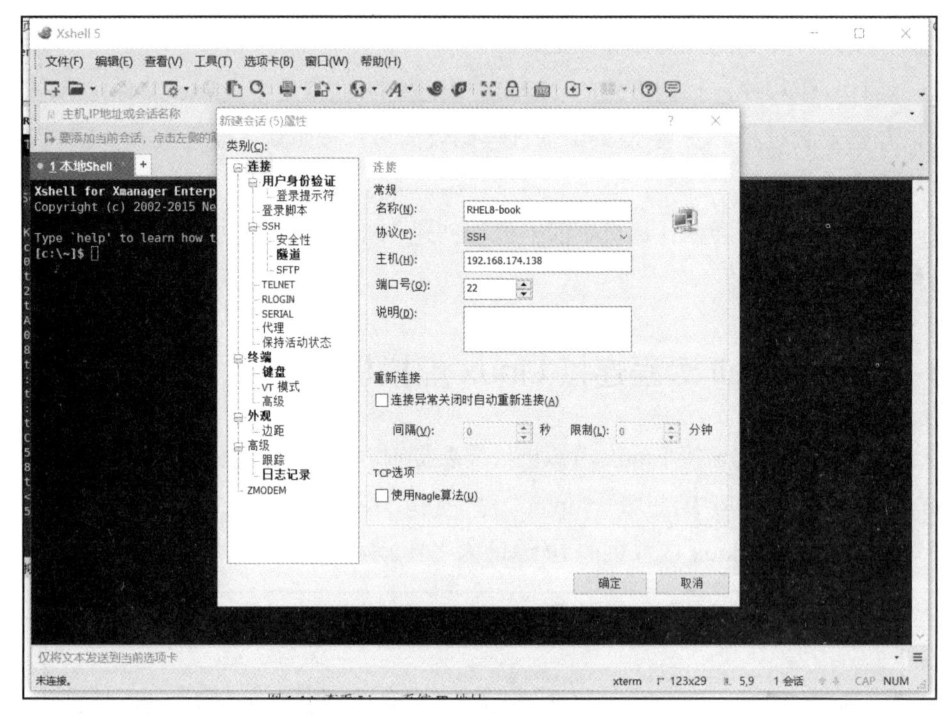

图 1-15 “新建会话(S)属性”对话框

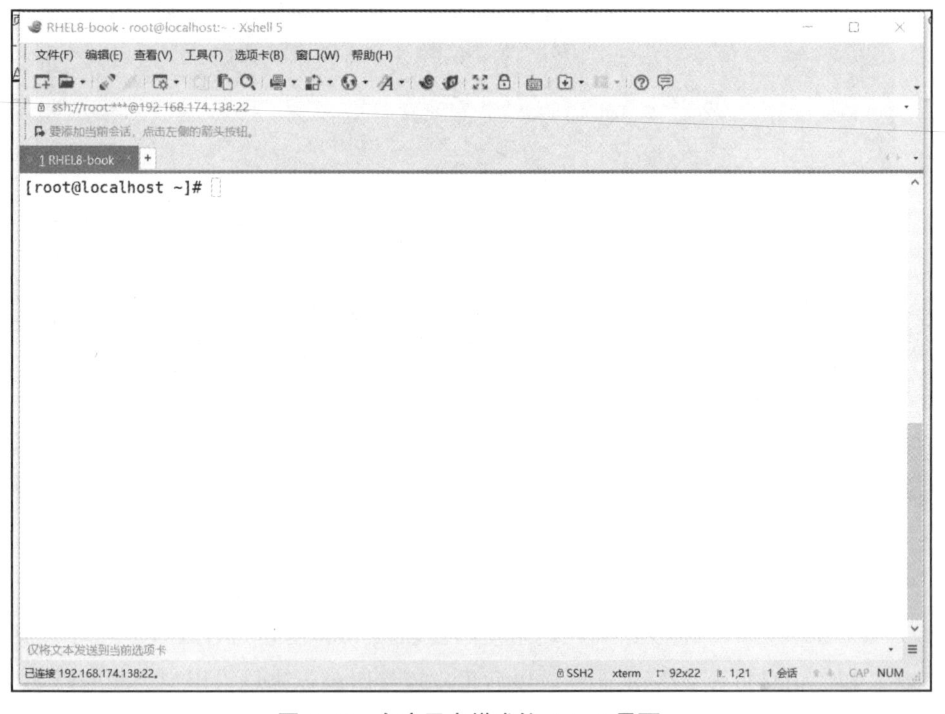

图 1-16 白底黑字样式的 Xshell 界面

课后作业

1-1 叙述在 VMware Workstation 中通过 ISO 镜像安装 Linux 系统的步骤。

1-2 如何在 VMware Workstation 下为虚拟机制作快照？

1-3 如何在 VMware Workstation 下克隆虚拟机？

1-4 如何通过 Xshell 远程操作 Linux 系统？

第 2 章

Linux 系统概述

本章知识点结构图

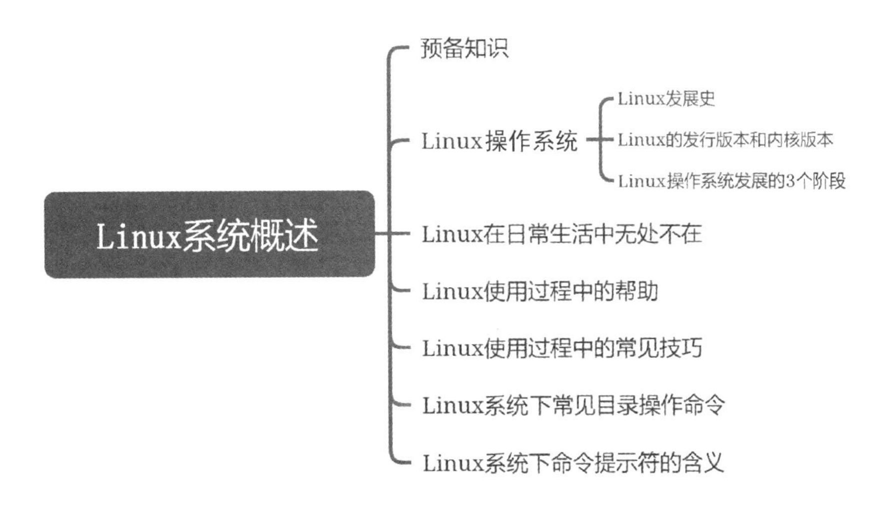

本章将对 Linux 系统进行详细介绍与探讨。首先，引入一些预备知识，以确保读者对 Linux 系统有一个基本的了解。其次，将对 Linux 系统的发展史、Linux 的发行版本和内核版本，以及操作系统发展的 3 个阶段进行逐一介绍。再次，将对 Linux 在日常生活中的广泛应用、Linux 使用过程中的帮助指南、一些常见的 Linux 使用技巧进行讲解。最后，介绍常见的 Linux 目录操作命令以及 Linux 系统下命令提示符的含义。

通过对本章内容的学习，读者将建立起对 Linux 系统的整体了解，掌握使用 Linux 系统的基本技能，并能够更好地理解 Linux 系统在不同领域中的重要性和实用性。

2.1 预 备 知 识

(1) 登录 RHEL8 系统的方法。

开机后在出现的登录界面中单击下方的“Not listed？”(未列出用户)按钮，输入用户名“root”及其密码，单击“确定”按钮，即可登录系统。

(2) 关闭 RHEL8 系统的方法。

在虚拟机中单击右上角的“开关机”按钮，在弹出的对话框中再次单击“开关机”按钮，再单击 Power Off 按钮即可；也可以在终端窗口或 Xshell 窗口中执行命令“poweroff”或者“shutdown -h now”。

(3) 打开终端窗口(命令行窗口)的方法。

单击左上角的 Activities 隐藏菜单，在弹出的菜单项中单击 Terminal。

> **小技巧**
>
> 可以按 Ctrl+Shift+T 组合键在终端窗口中打开新的标签页。

(4) RHEL8 系统下多个应用程序间切换的方法：按 Alt+Tab 组合键。

(5) 中文输入法的设置方法。

单击虚拟机右上角的“开关机”按钮，在子菜单中选择“小扳手图标”，在左侧的列表框中选择“Region & Language”选项，然后在右侧的 Input Sources 下单击 + 按钮，添加“Chinese(Intelligent Pinyin)”选项，如图 2-1 所示。

> **小技巧**
>
> 中文输入法的切换方法：按 Windows+空格组合键。

(6) 网络连通性相关命令。

在终端窗口或 Xshell 窗口中执行“ip a”命令查看本机的 IP 地址，从图 2-2 中可以看到，“第 1 章 环境准备”中安装的 RHEL8 系统，其 IP 地址为“192.168.174.138”，而克隆生成的 RHEL8 系统的 IP 地址为“192.168.174.139”。

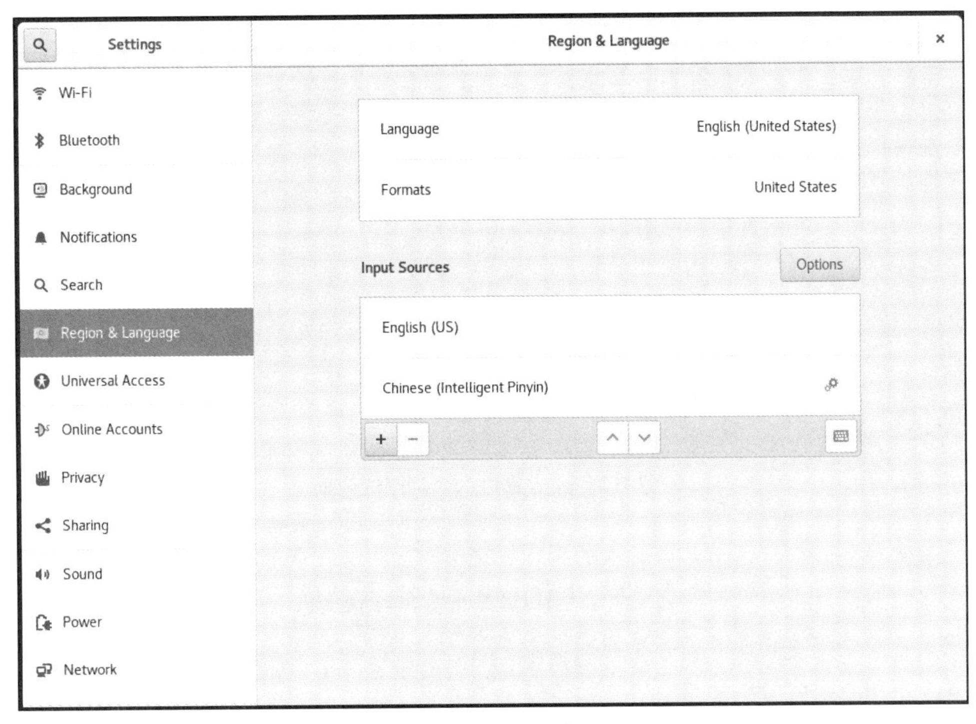

图 2-1　添加中文输入法

```
[root@localhost ~]# ip a
1: lo: <LOOPBACK,UP,LOWER_UP> mtu 65536 qdisc noqueue state UNKNOWN group default qlen 1000
    link/loopback 00:00:00:00:00:00 brd 00:00:00:00:00:00
    inet 127.0.0.1/8 scope host lo
       valid_lft forever preferred_lft forever
    inet6 ::1/128 scope host
       valid_lft forever preferred_lft forever
2: ens160: <BROADCAST,MULTICAST,UP,LOWER_UP> mtu 1500 qdisc fq_codel state UP group default
qlen 1000
    link/ether 00:0c:29:b5:1f:47 brd ff:ff:ff:ff:ff:ff
    inet 192.168.174.138/24 brd 192.168.174.255 scope global dynamic noprefixroute ens160
       valid_lft 1732sec preferred_lft 1732sec
    inet6 fe80::dfe5:ccdb:9ba4:51b2/64 scope link dadfailed tentative noprefixroute
       valid_lft forever preferred_lft forever
    inet6 fe80::cb43:94d0:7f63:557c/64 scope link noprefixroute
       valid_lft forever preferred_lft forever
3: virbr0: <NO-CARRIER,BROADCAST,MULTICAST,UP> mtu 1500 qdisc noqueue state DOWN group defau
lt qlen 1000
    link/ether 52:54:00:94:63:58 brd ff:ff:ff:ff:ff:ff
    inet 192.168.122.1/24 brd 192.168.122.255 scope global virbr0
       valid_lft forever preferred_lft forever
4: virbr0-nic: <BROADCAST,MULTICAST> mtu 1500 qdisc fq_codel master virbr0 state DOWN group
default qlen 1000
    link/ether 52:54:00:94:63:58 brd ff:ff:ff:ff:ff:ff
[root@localhost ~]#
```

图 2-2　查看 RHEL8 系统的 IP 地址

测试两台虚拟机之间的连通性，可以执行 ping 命令。具体使用格式为：在 ping 命令后加目的主机的 IP 地址，如图 2-3 所示。从该图中可以看出，与 IP 地址为“192.168.174.139”的主机是连通的，而与 IP 地址为“192.168.174.140”的主机(不存在)是不连通的。

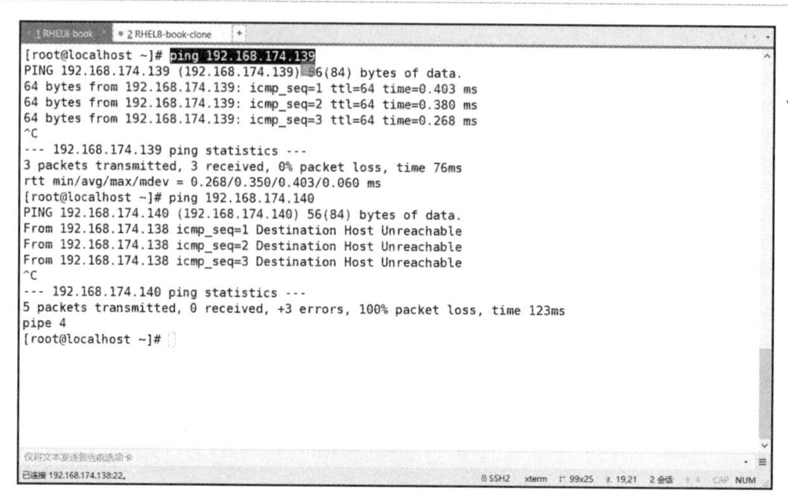

图 2-3　ping 命令的两种测试效果

2.2　Linux 操作系统

2.2.1　Linux 的发展史

(1) 诞生和早期发展(1991—1994 年)。Linus Torvalds(林纳斯·托瓦兹)于 1991 年在芬兰赫尔辛基大学开始研究 Linux 内核，并将其作为自由软件发布。最初，Linux 内核只包含操作系统的核心功能。随着越来越多开发者的加入和贡献，Linux 开始逐渐扩展其功能和支持硬件的范围。

(2) 开源运动(1995—1999 年)。在这一时期，Linux 开始获得更广泛的认可和使用。Linux 操作系统的开源性质吸引了大量开发者和公司的兴趣，他们积极参与到 Linux 的开发和改进中。同时，一些公司开始提供商业化的 Linux 发行版，并提供相应的支持和服务。

(3) 商业化和企业级应用(2000—2005 年)。随着 Linux 的成熟和稳定性的提高，越来越多的企业开始在生产环境中使用 Linux。大型企业如 IBM、Red Hat 和 SUSE 等开始提供商业化的 Linux 发行版，并为企业用户提供支持和服务。Linux 逐渐成为企业级服务器、超级计算机和嵌入式系统等领域的首选操作系统。

(4) Linux 在移动和嵌入式领域应用(2006—2010 年)。在这一时期，Linux 在移动和嵌入式领域取得了显著的进展。由于其开源性和可定制性，Linux 被广泛应用于智能手机、平板电脑和其他嵌入式设备中。Android 操作系统是基于 Linux 内核的应用，它的成功进一步推动了 Linux 在移动领域的普及。

(5) 云计算和容器化(2011 年至今)。云计算的兴起为 Linux 带来了新的机遇。Linux 在云基础设施中得到广泛应用，包括公有云和私有云环境。同时，容器化技术如 Docker

和 Kubernetes 的发展也进一步推动了 Linux 的应用。Linux 成为构建和管理云原生应用程序的首选平台。

现如今，Linux 已经成为全球范围内最受欢迎并广泛使用的操作系统之一。它在各个领域都发挥着重要作用，包括企业级服务器、移动设备、嵌入式系统、云计算和大数据等。Linux 社区不断推动着 Linux 的发展，更新版本的内核不断推出，以适应不断变化的需求和技术发展。

2.2.2 Linux 的发行版本和内核版本

Linux 是一个开源操作系统，有多个发行版本(Distribution)和内核版本(Kernel)可供选择。发行版本是基于 Linux 内核构建的操作系统的整体包装，通常包括用户界面、系统工具和应用程序等。内核版本是 Linux 操作系统的核心组件，负责管理系统资源、提供硬件支持和运行用户空间程序。

1. Linux 常见的发行版本

(1) Ubuntu：基于 Debian，注重易用性和广泛社区支持。

(2) Fedora：由社区开发和赞助，提供最新的软件包和技术。

(3) Red Hat Enterprise Linux (RHEL)：是 RedHat 公司推出的旗舰产品，它是一种商业级的 Linux 发行版本，专为企业级应用而设计。RHEL 提供广泛的功能、高度的稳定性和安全性，并得到长期支持和维护。它在企业级服务器、云计算、超级计算机和嵌入式系统等领域广泛应用。

(4) CentOS：基于 RHEL 源代码重建，专注于稳定性和企业应用。

(5) Debian：社区驱动的发行版本，以稳定性和自由软件为重点。

(6) Arch Linux：面向高级用户，以简洁性和灵活性著称。

(7) openSUSE：注重用户友好性和配置选项的发行版本。

(8) Slackware：历史悠久的发行版本，强调简单性和稳定性。

2. Linux 内核版本

下面列出了一些重要的 Linux 内核版本，每个版本都带来了不同的改进和功能，以适应不断变化的技术需求和硬件平台。

1) 1.x 系列

Linux 1.0：1994 年 3 月发布的第一个稳定版本，具备基本的 UNIX 兼容性和多任务支持。

2) 2.x 系列

(1) Linux 2.0：1996 年 6 月发布，引入了对更多硬件的支持和更强大的网络功能。

(2) Linux 2.2：1999 年 1 月发布，改进了内存管理、网络子系统和文件系统等功能。

(3) Linux 2.4：2001 年 1 月发布，引入了对 SMP 系统和 USB 设备的改进，同时提升了性能和稳定性。

(4) Linux 2.6：2003 年 12 月发布，带来了许多重大的变化和改进，包括完善的内存管理、调度器优化、新的设备驱动模型和虚拟文件系统等。

3) 3.x 系列

(1) Linux 3.0：2011 年 7 月发布，实际上没有引入大规模的变化，主要是为了更好地与 2.x 系列区分开。

(2) Linux 3.10：2013 年 6 月发布，提供了更好的能源管理、文件系统性能优化和虚拟化支持。

4) 4.x 系列

(1) Linux 4.0：2015 年 4 月发布，引入了对新硬件和文件系统的支持，并使其性能得到改进。

(2) Linux 4.4：2016 年 1 月发布，重点在于增强对 ARM 架构的支持，并改进了虚拟化和存储子系统。

(3) Linux 4.8：2016 年 10 月发布，增加了对新硬件、文件系统和网络协议的支持。

(4) Linux 4.14：2017 年 11 月发布，注重改进服务器、网络和存储方面的特性。

5) 5.x 系列

(1) Linux 5.0：2019 年 3 月发布，引入了对新硬件、文件系统和安全性的改进。

(2) Linux 5.4：2019 年 11 月发布，增加了对 ARM 架构、文件系统和网络的改进。

(3) Linux 5.10：2020 年 12 月发布，提供了长期支持，并改进了能源管理、虚拟化和安全性。

(4) Linux 5.14：2021 年 8 月发布，包含对新硬件、文件系统和网络的增强支持。

6) 6.x 系列(预期)

Linux 6.x 系列是未来版本的计划，预计将继续改进硬件支持、性能、安全性和功能特性。

发行版本和内核版本的选择取决于用户的需求和偏好。发行版本提供了更广泛的功能、易用性和技术支持，而内核版本则关注系统的核心功能和性能。不同的发行版本和内核版本都在不断发展和演进，以适应不断变化的技术需求和用户期望。

3. 查看 Linux 内核版本号的方法

查看 Linux 内核版本号的命令有以下两个：

```
① uname -r
② cat /proc/version
```

Linux 内核版本号由 3 部分组成，即主版本号(Major)、次版本号(Minor)和修订号

(Patch)。这些数字的含义如下。

(1) 主版本号(Major)。主版本号是内核版本的主要标识，表示引入了重大变化、功能或架构的根本性更新。当主版本号增加时，通常意味着内核经历了重要的变革，可能会引入不向后兼容的更改。

(2) 次版本号(Minor)。次版本号表示内核的次要更新。这些更新通常包含新功能、驱动程序支持、改进的性能以及修复一些发现的问题。次版本号的增加，表明内核经历了较大的改进，但在向后兼容方面仍保持良好。如果次版本号是偶数，表示该内核是一个稳定版；如果是奇数，表示是一个测试版。

(3) 修订号(Patch)。修订号表示内核的补丁级别，它指示内核中的错误修复、安全修复和其他小的改进。修订号的增加，表明内核版本没有引入任何太大的更改，只是对现有版本进行了一些细微的改进。

例如，在图 2-4 中看到的 RHEL8 的内核版本号为 4.18.0，其中 4 是主版本号，18 是次版本号，0 是修订号。这表示它是主版本 4 的第 18 个次要更新，并在此基础上进行了 0 个修订。

```
[root@localhost ~]# uname -r
4.18.0-80.el8.x86_64
[root@localhost ~]# cat /proc/version
Linux version 4.18.0-80.el8.x86_64 (mockbuild@x86-vm-08.build.eng.bos.redha
t.com) (gcc version 8.2.1 20180905 (Red Hat 8.2.1-3) (GCC)) #1 SMP Wed Mar
13 12:02:46 UTC 2019
[root@localhost ~]#
```

图 2-4 查看 Linux 内核版本号

需要注意的是，Linux 内核版本号的具体含义可能因内核版本和发行版而异。因此，在查看特定系统上的内核版本时，建议查阅相关文档或参考发行版的官方指南。

2.2.3 操作系统发展的 3 个阶段

1. 单用户单任务操作系统

单用户单任务操作系统是最简单的操作系统类型，只允许一个用户在任何给定时间内执行一个任务。这种操作系统没有并发性，无法同时运行多个程序或任务。用户需要完成当前任务后才能开始执行下一个任务。例如，DOS(Disk Operating System)是一种经典的单用户单任务操作系统，它主要用于早期的个人计算机。

2. 单用户多任务操作系统

单用户多任务操作系统允许一个用户在同一时间内运行多个任务或程序。用户可以在计算机上同时打开多个应用程序，但每个应用程序的执行仍然是按顺序进行的。操作系统会分配和管理 CPU 时间片，以便使每个任务都能获得一定的执行时间。例如，Windows

和 MacOS 是广泛使用的单用户多任务操作系统，它们允许用户同时运行多个应用程序，如浏览器、文字处理器和媒体播放器。

3. 多用户多任务操作系统

多用户多任务操作系统允许多个用户在同一时间内运行多个任务或程序。不同用户可以通过终端或网络远程登录到操作系统，并独立运行自己的任务。操作系统负责为每个用户分配资源、保护用户数据和提供安全性。例如，Linux 是一个广泛使用的多用户多任务操作系统，它可以同时支持多个用户登录，并为每个用户提供独立的执行环境和权限管理。

需要注意的是，这些操作系统类型在实际中可能会有一些交叉和变种，因为现在的操作系统往往具备更多的功能和灵活性。例如，现在的操作系统可以在多用户环境下支持虚拟化技术，使同一物理计算机上可运行多个虚拟机，每个虚拟机都可以拥有自己的操作系统和应用程序。这样就可以同时实现多用户和多任务的操作。

2.3 Linux 在日常生活中无处不在

Linux 在日常生活中的无处不在主要体现在以下几个方面。

(1) 移动设备和智能手机。Linux 在移动设备领域的主要体现是通过 Android 操作系统。Android 是基于 Linux 内核开发的开源移动操作系统，它占据了全球智能手机市场的主导地位。数以亿计的人每天使用 Android 设备来进行通信、娱乐、登录社交媒体、发送电子邮件和执行各种其他任务。

(2) 云计算和虚拟化。Linux 在云计算和虚拟化领域发挥着重要作用。许多云计算平台，如 AWS(Amazon Web Services)、GCP(Google Cloud Platform)、Microsoft Azure 等，都在基于 Linux 的服务器上运行。这些平台提供了强大的计算和存储资源，为企业和个人提供了可扩展和灵活的计算解决方案。

(3) 服务器和网络设备。大部分互联网服务器都在使用 Linux 操作系统。Linux 的稳定性、安全性和可定制性使其成为托管网站、应用程序和服务的首选操作系统。此外，网络设备(如路由器、交换机、防火墙等)也广泛采用基于 Linux 的嵌入式操作系统。

(4) 家庭电子设备和物联网(Internet of Things，IoT)。Linux 在家庭电子设备和物联网领域的应用越来越广泛。智能电视、智能音箱、智能家居设备(如智能灯泡、智能插座、智能门锁)、智能摄像头等许多设备都使用基于 Linux 的操作系统。Linux 的开放性和可定制性使设备制造商能够根据自己的需求进行开发，并提供各种智能功能和互联互通的能力。

(5) 科学和教育研究。Linux 在科学研究和教育领域应用广泛。它提供了强大的计算能力以及丰富的开源工具和软件，支持各种学科领域的研究。从天文学的天文数据分析到生物学的基因组研究，Linux 为科学家和研究人员提供了强大的工具和平台。

(6) 开源软件和社区。Linux 的开源精神和社区合作模式推动了许多开源软件的发展。开源软件(如 Apache Web 服务器、MySQL 数据库、Python 编程语言、LibreOffice 办公套件等)在日常生活中得到广泛应用。Linux 社区的开发者和用户积极参与开源项目的开发、测试和应用，促进了软件的不断改进和创新。

这些只是 Linux 在日常生活中的一些应用，实际上，Linux 在许多其他领域也发挥着重要的作用，如电影制作、音乐制作、艺术创作等。其灵活性、可定制性和开放性使 Linux 成为一个广泛应用的操作系统。

2.4 Linux 使用过程中的帮助

在 Linux 使用过程中，可以使用以下方法来获取帮助。

1. man 命令

man 命令用于查看命令的手册页(其全称为 manual)。要查看命令的帮助文档，可以使用以下语法格式：

```
man <command>
```

例如，要查看 ls 命令的帮助文档，可以运行 man ls 命令，手册页将提供有关命令的详细信息、选项、参数以及使用示例等。

在 man 命令的使用过程中还有以下一些小技巧。

(1) 搜索关键词。在手册页中按“/”键，输入想要搜索的关键词后按 Enter 键即可。man 将会跳转到第一个匹配的结果。按 N 键可以在手册中查找下一个匹配项；按 Shift+N 组合键可以在手册中查找上一个匹配项。可以使用“/EXAMPLES”来搜索实例。

(2) 退出手册。按 Q 键可以快速退出手册并返回到命令行。

(3) 向上/向下滚动。按空格键可以向下滚动一屏；按 B 键可以向上滚动一屏；按 Enter 键可以向下滚动一行。

(4) 光标跳转操作。:n 表示跳转到第 n 行；G 表示跳转到第一行；Shift+G 组合键表示跳转到最后一行。

2. --help 选项

许多命令都提供了--help 选项，用于显示命令的简要帮助信息。可以使用以下语法格式：

```
<command> --help
```

例如，运行“ls --help”可以显示 ls 命令的基本用法、可用选项和参数的说明。

3. info 命令

有些命令的详细帮助文档可能在 info 格式中提供，可以使用 info 命令来查看。使用以下语法格式：

```
info <command>
```

例如，“info tar”命令将提供关于 tar 命令的详细说明、使用示例和相关链接等信息。

4. 在线文档和指南

许多 Linux 发行版和开源项目提供了官方文档和指南，可以在官方网站上找到。使用搜索引擎查找特定命令或主题的官方文档。此外，也可以查找用户创建的博客、论坛和问答平台等社区资源，这些资源中通常有丰富的使用教程和问题解答。

5. 社区支持和讨论

Linux 社区是一个庞大而活跃的社区，有许多论坛、邮件列表和社交媒体群组可供交流和寻求帮助。在这些社区中，可以提问、分享经验和与其他 Linux 用户互动。其他经验丰富的用户和开发者通常会乐于提供帮助和指导。

2.5　Linux 系统使用过程中的常见技巧

当使用 Linux 系统时，有一些小技巧和快捷方式，可以提高效率和便利性，具体如下。

(1) history 命令。使用 history 命令可以查看之前执行过的命令历史记录。可以直接在命令行中输入“history”命令，然后按 Enter 键来查看完整的命令历史记录。也可以通过输入“!n”命令(n 为命令序号)来重新执行特定的历史命令。

(2) 清屏。按 Ctrl + L 组合键可以清除终端屏幕上的内容，使其变得干净、整洁。这样可以方便隐藏之前执行的命令输出，让用户有一个清晰的工作环境。

(3) 上下箭头键。使用上箭头键“↑”可以快速回溯之前执行的命令，这样可以避免重新输入相同的命令。按下箭头键“↓”可以向下遍历命令历史记录，这种方式可以快速浏览和执行以前的命令。

(4) Tab 自动补全。在命令行中输入命令、路径或文件名时，按 Tab 键可以进行自动补全。如果只输入了部分命令或路径，按 Tab 键会自动补全剩余部分，甚至在多个选项或文件名存在时会列出所有可能的选项。这样可以减少输入错误和加快命令输入速度。

(5) !$。这是一个历史命令扩展，它用于调用上一条命令中的最后一个参数。当用户需要在新的命令中使用上一条命令的最后一个参数时，可以使用“!$”。例如，如果上一条命令是“ls -l /home/user/Documents”，可以使用“!$”来引用"/home/user/Documents"参数。例如，“cp !$ /tmp”命令将会复制"/home/user/Documents"到"/tmp"目录中。

(6) !keyword。这是另一种历史命令扩展，它用于倒序检索历史缓存中的最近命令列表，并执行首个匹配的命令。只需使用一个感叹号“!”后面跟上关键词，即可执行与该关键词匹配的最近命令。例如，如果想再次执行以“ls”开头的最近命令，可以使用“!ls”。

(7) 强行退出或终止命令的方法如下。

① Ctrl+C：按 Ctrl+C 组合键可以中止当前正在运行的前台命令。这适用于大多数交互式命令行程序。例如，在终端中执行一个长时间运行的命令时，可以按 Ctrl+C 组合键来中止它。

② Ctrl+Z：按 Ctrl+Z 组合键可以将当前正在运行的命令置于后台，并暂停它的执行。命令的进程会被挂起，并返回到命令行提示符。可以使用 fg 命令将挂起的命令重新切换到前台执行，或使用 bg 命令在后台继续执行。

③ Ctrl+D：在命令行中，按 Ctrl+D 组合键表示输入结束，用于退出交互式的 Shell 会话(如终端窗口)。当用户在终端中输入命令或数据时，按 Ctrl+D 组合键会表示输入结束，并返回到上一层 Shell 或关闭终端窗口。

④ exit 命令：使用 exit 命令可以退出当前的 Shell 会话。当用户在一个子 Shell 中时，输入 exit 命令会退出该子 Shell 并返回到父 Shell。在终端窗口中运行 exit 命令会关闭该窗口。

⑤ quit 命令：quit 是一些应用程序或工具中用于终止或退出的命令。这通常是交互式程序或会话中用于结束当前操作并退出程序的命令。

⑥ logout 命令：logout 命令用于退出登录会话。当用户使用 SSH 登录到远程服务器或在终端中登录到本地系统时，在命令行中输入 logout 命令会断开与该会话的连接并返回到登录界面或关闭终端窗口。

2.6 Linux 下常见目录操作命令

1. pwd

pwd(print working directory)命令用于显示当前工作目录的完整路径。在终端中执行 pwd 命令，将返回当前所在的目录路径。例如，如果用户当前的工作目录是"/home/user/Documents"，那么运行 pwd 命令会将其输出。通过显示当前工作目录的路径，可以帮助用户了解当前所在位置，并方便用户进行文件路径相关的操作，如创建、复制、移动文件等。

注意

pwd 命令不需要任何参数或选项，只需简单地输入“pwd”并按 Enter 键即可显示当前工作目录的路径。

补充知识：Linux 系统下的树状目录结构

Linux 的目录组织结构是按照标准的文件系统层次结构(Filesystem Hierarchy Standard, FHS)组织的，如图 2-5 所示。该结构定义了不同类型的文件和目录应该存放在哪个位置及其用途。

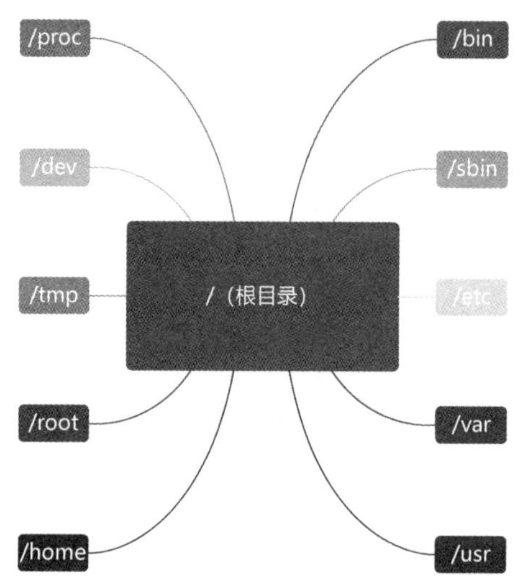

图 2-5 Linux 系统下的目录结构

/(根目录)：根目录是整个 Linux 文件系统的起点，它包含所有其他目录和文件。

/bin：该目录存放着系统启动和运行时需要的基本命令和可执行文件，如 ls、cp、mkdir 等。

/sbin：该目录包含系统管理员使用的系统管理命令，这些命令通常需要特权(超级用户权限)来运行，如 ifconfig、fdisk 等。

/etc：这是存放系统配置文件的目录，包括网络配置、用户账户配置、服务配置等。例如，"/etc/passwd"目录用于存储用户账户信息、"/etc/network/interfaces"目录用于存储网络接口配置信息。

/var：该目录存放经常变化的文件，如日志文件、邮件、临时文件等。例如，"/var/log"目录用于存储系统日志文件、"/var/spool"目录用于存储打印队列和邮件队列。

/usr：这是用户程序和文件的主要安装目录。它包含用户安装的应用程序、库文件、文档等。例如，"/usr/bin"目录用于存放用户可执行程序、"/usr/lib"目录用于存放共享库文件、"/usr/share"目录用于存放共享数据和文档。

/home：用户的主目录存放在这个目录下。每个用户都有一个独立的子目录，以用户名命名，如"/home/user1"是用户 user1 的主目录。

/root：这是超级用户(管理员)的主目录。与普通用户的主目录不同，超级用户的主目录位于"/root"目录下。

/tmp：临时文件存放目录，用于存储临时文件和目录，可被所有用户访问。通常，系统重启后该目录的内容会被清空。

/dev：该目录包含设备文件，用于与系统硬件设备进行交互。例如，"/dev/sda"表示第一个硬盘设备、"/dev/null"表示一个特殊设备(用于丢弃输出)。

/proc：该目录是一个虚拟文件系统，包含运行中的进程信息和系统状态的伪文件。通过读取这些文件，可以获取有关系统和进程的信息。

2. ls

ls(list)命令用于列出目录中的文件和子目录。它的常用选项包括“-l”(以长格式显示)、“-a”(显示所有文件，包括隐藏文件)和“-h”(以人类可读的格式显示文件大小)等。

“ls -l”命令用于显示文件和目录的详细列表。它的输出结果通常包含以下字段(见图 2-6)。

```
[root@localhost ~]# ls -l
total 8
-rw-------. 1 root root 2651 Jul 13 15:24 anaconda-ks.cfg
drwxr-xr-x. 2 root root    6 Jul 13 15:26 Desktop
drwxr-xr-x. 2 root root    6 Jul 13 15:26 Documents
drwxr-xr-x. 2 root root    6 Jul 13 15:26 Downloads
drwxr-xr-x. 2 root root    6 Jul 13 15:26 Music
-rw-------. 1 root root 2064 Jul 13 15:24 original-ks.cfg
drwxr-xr-x. 2 root root    6 Jul 13 15:26 Pictures
drwxr-xr-x. 2 root root    6 Jul 13 15:26 Public
drwxr-xr-x. 2 root root    6 Jul 13 15:26 Templates
drwxr-xr-x. 2 root root    6 Jul 13 15:26 Videos
[root@localhost ~]#
```

图 2-6 “ls -l”命令的执行结果示例

第一列：文件类型和权限。第一个字符表示文件类型：“-”表示普通文件，“d”表示目录，“l”表示符号链接(软链接)等。

后面的 9 个字符表示权限：每 3 个字符一组，分别表示所有者、群组和其他用户的读、写和执行权限。“r”表示读取权限，“w”表示写入权限，“x”表示执行权限，“-”表示相应权限被禁用。

第二列：硬链接数。显示与文件或目录关联的硬链接数。对于文件而言，硬链接数指的是指向该文件的硬链接数量；对于目录而言，硬链接数指的是该目录的子目录数量(包括自身)。

第三列：所有者。显示文件或目录的所有者用户名或用户 ID。

第四列：群组。显示文件或目录所属的群组名称或群组 ID。

第五列：文件大小(以字节为单位)。显示文件的大小，以字节为单位。对于目录而言，通常显示为 “4096”(默认的块大小)。

第六列：修改日期和时间。显示文件或目录的最后修改时间。

第七列：文件或目录名称。显示文件或目录的名称。

第一行表示一个普通文件 anaconda-ks.cfg，所有者具有读和写权限，群组和其他用户没有任何权限。

第二行表示一个目录 Desktop，所有者具有读、写和执行权限，群组和其他用户具有读和执行权限。

3. cd

cd(全称是 change directory)命令用于更改当前工作目录。cd 命令支持使用绝对路径和相对路径的组合，可以在路径中使用“/”来分隔目录。

补充知识：

相对路径：使用相对于当前目录的路径。例如，如果当前目录是"/home/user"，要进入"/home/user/documents"目录，可以使用以下命令：

```
cd documents
```

绝对路径：使用完整的路径从根目录开始。例如，要进入"/home/user/documents"目录，可以使用以下命令：

```
cd /home/user/documents
```

cd 命令的详细用法如图 2-7 所示。

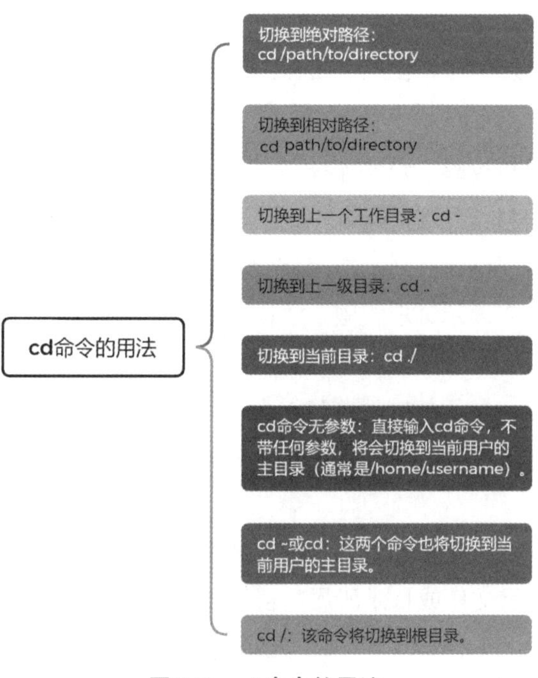

图 2-7　cd 命令的用法

(1) 切换到绝对路径：cd /path/to/directory，这将更改当前工作目录为指定的绝对路径。例如，如果要进入"/home/user/documents"目录，可以使用“cd /home/user/documents”命令。

(2) 切换到相对路径：cd path/to/directory，这将更改当前工作目录为相对于当前目录的路径。例如，如果当前目录是"/home/user"，要进入"/home/user/documents"目录，可以使用“cd documents”命令。

(3) 切换到上一个工作目录：cd -，使用该命令可以切换回之前的工作目录。例如，如果之前在"/home/user/documents"目录下，然后切换到了其他目录，使用“cd -”命令将会切换回"/home/user/documents"目录。

(4) 切换到上一级目录：cd ..，使用该命令可以切换到当前工作目录的父级目录。例如，如果当前目录是"/home/user/documents"，使用“cd ..”命令将会切换到"/home/user"目录。

(5) 切换到当前目录：cd ./，该命令没有实际影响，只是作为当前目录的显式引用。它用于显式指定当前目录，但不会产生任何变化。例如，如果当前目录是"/home/user/documents"，使用“cd ./”命令将仍然停留在"/home/user/documents"目录。

(6) cd 命令无参数：直接输入 cd 命令，不带任何参数，将会切换到当前用户的主目录(通常是"/home/username")。

(7) cd ~或 cd：这两个命令也将切换到当前用户的主目录。

(8) cd /：该命令将切换到根目录。

4. chmod

chmod(全称是 change mode)命令用于修改文件或目录权限。它允许用户设置文件的读、写和执行权限以及特殊权限。该命令在使用过程中一般有以下两种方法。

方法一(数字模式)：chmod 777 rhel-server-6.0-i386-dvd.iso

方法二(符号模式)：u,g,o,a,+,-

chmod u+w,g-w,o+x rhel-server-6.0-i386-dvd.iso

其中，符号模式中各个字母的含义如下。

u：所有者(user)的权限。

g：所属组(group)的权限。

o：其他用户(others)的权限。

a：所有用户的权限(等同于 ugo)。

符号模式中的操作符含义如下。

+：添加权限。

-：移除权限。

=：设置权限。

注意，为了能够使用 chmod 命令修改文件权限，需要具有足够的权限。只有文件所有者或超级用户(root)才能更改文件的权限。

5. mkdir

mkdir(全称是 make directory)命令用于创建新的目录。mkdir 命令的基本语法格式如下：

```
mkdir [选项] 目录名
```

mkdir 命令的选项参数有以下几个。

-p：递归创建目录。如果指定的目录路径中的某些父级目录不存在，mkdir 命令会自动创建它们。

-m：设置新创建目录的权限。可以使用数字模式(如 777)或符号模式(如 u+rwx,g+rwx,o+rwx)。

-v：显示详细的创建信息。

例如，要在当前目录下创建一个名为"documents"的目录，可以使用以下命令：

```
mkdir documents
```

要创建多级目录，可以使用“-p”选项：

```
mkdir -p path/to/directory
```

该命令将递归创建"path/to/directory"目录，包括它的所有父级目录。

要同时设置新创建目录的权限，可以使用“-m”选项：

```
mkdir -m 755 newdir
```

以上命令将创建一个名为"newdir"的目录，并将其权限设置为“755”。

如果想查看每个创建操作的详细信息，可以使用“-v”选项：

```
mkdir -v dir1 dir2 dir3
```

6. rmdir/rm

rmdir(全称是 remove directory)命令用于删除空目录。如果目录中存在文件或其他子目录，使用 rmdir 命令将无法删除它。由于其使用起来不是很方便，一般用 rm 命令替代。

rm(全称是 remove)命令用于删除文件和目录。它可以删除非空目录及文件。rm 命令的基本语法如下：

```
rm [选项] 文件/目录名
```

rm 命令的选项参数有以下几个。

-r：递归删除目录及其内容。

-f：强制删除，无须进行确认提示。

-i：交互式删除，删除前进行确认提示。

-v：显示详细的删除信息。

例如，要删除 file.txt 文件，可以使用以下命令：

```
rm file.txt
```

要删除目录及其内容，可以使用“-r”选项(要谨慎使用此选项，因为它会递归删除目录及其所有子目录和文件)：

```
rm -r directory
```

如果用户想要在删除前进行确认提示，可以使用“-i”选项：

```
rm -i file.txt
```

以上命令将在删除 file.txt 文件之前询问用户是否确认删除。

如果要删除多个文件或目录，可以同时指定它们的名称：

```
rm file1.txt file2.txt directory
```

2.7　Linux 系统下命令提示符的含义

在 Linux 系统下，终端窗口中的提示符通常由多个部分组成，每个部分都代表着特定的信息。这些部分包括用户名、主机名、当前工作目录和提示符类型。其各个部分的含义如下。

(1) 用户名。提示符中的用户名表示当前登录到系统中的用户。它标识当前命令执行的用户身份。

(2) 主机名。主机名是指当前计算机的名称或标识符。它通常跟随用户名部分，用于显示用户所在的计算机。

(3) 当前工作目录。当前工作目录表示用户当前所处的目录路径。它显示当前操作的基准位置，可以在该目录下执行命令和操作。

(4) 提示符类型。提示符的类型取决于用户的身份。常见的提示符类型有以下几种。

① 一般用户提示符：当以一般用户身份登录时，提示符可能是$符号。它表示当前用户是普通用户，没有超级用户(root)权限。

例如，一般用户提示符“user@hostname:~/Documents$”的各部分含义如下。

用户名：user。

主机名：hostname。

当前工作目录：~/Documents。

提示符类型：$。

② 超级用户提示符：当以超级用户(root)身份登录时，提示符通常是#符号。它表示当前用户是超级用户，具有系统的完全管理权限。

例如，超级用户提示符“root@server:/var/log#”的各部分含义如下。

用户名：root。

主机名：server。

当前工作目录：/var/log。

提示符类型：#。

注意，提示符只是用于指示用户输入命令的位置和角色，它本身并不是命令的一部分。提示符的外观和含义可能会因终端设置、不同的 Linux 发行版本以及用户自定义有所不同。因此，实际提示符的样式和组成可能会有所变化。

课 后 作 业

2-1 什么是 Linux 的发行版本和内核版本？

2-2 查看 Linux 内核版本的命令是什么？简述 Linux 内核版本各部分的含义。

2-3 简述 Linux 在日常生活中无处不在的几个方面。

2-4 简述 Linux 使用过程中帮助命令的用法。

2-5 简述 Linux 使用过程中的常见技巧。

2-6 简述 Linux 系统下命令提示符的含义。

第 3 章

Linux 系统启动过程及 Systemd 目标

本章知识点结构图

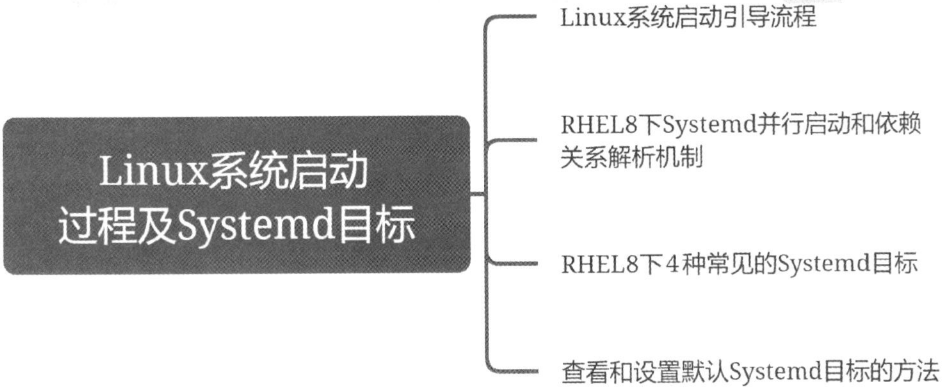

Linux系统启动过程及Systemd目标

- Linux系统启动引导流程
- RHEL8下Systemd并行启动和依赖关系解析机制
- RHEL8下4种常见的Systemd目标
- 查看和设置默认Systemd目标的方法

本章将探讨 Linux 系统启动过程及 Systemd 目标，为读者提供关于系统引导和 Systemd 目标的重要知识。本章涵盖了 Linux 系统启动引导流程；RHEL8 下 Systemd 并行启动和依赖关系解析机制；RHEL8 下 4 种常见的 Systemd 目标；查看和设置默认 Systemd 目标的方法。

通过对本章内容的学习，读者将深入了解 Linux 系统的启动过程，掌握 Systemd 目标的概念和操作方法，使读者能够更好地管理和优化系统的引导以及运行级别配置。

3.1 Linux 系统启动引导流程

Linux 系统(以 RHEL8 为例)的启动引导流程可以概括为以下几个步骤。

(1) 加电自检(Power-On Self Test，POST)。当计算机启动时，固件(如 BIOS 或 UEFI)会执行自检程序，检测硬件设备的状态并进行初始化。

(2) 读取主引导记录(Master Boot Record，MBR)。MBR 在硬盘的第一个扇区(通常是 512B)中，存储了引导加载程序(Bootloader)的信息。这个引导加载程序位于 MBR 的最后两个字节，被称为主引导代码(Master Boot Code)。通常，GRUB(Grand Unified Bootloader，大统一引导加载程序)是 RHEL8 的默认引导加载程序。

(3) 引导加载程序。主引导记录中的引导加载程序(如 GRUB)会被加载到内存中，并显示引导菜单，让用户选择不同的启动选项。用户可以选择启动 RHEL8 或其他可用的操作系统。

(4) 内核加载。一旦用户选择启动 RHEL8，引导加载程序就会读取指定的内核映像文件(通常是 vmlinuz)并将其加载到内存中。

(5) 初始化内存文件系统(Initramfs)。在加载内核之前，引导加载程序会加载一个压缩的初始内存文件系统，该文件系统包含启动所需的驱动程序和工具。

(6) 内核启动。一旦内核和 Initramfs 被加载到内存中，引导加载程序会将控制权交给内核。内核开始执行并初始化系统硬件，包括处理器、内存、设备驱动程序等。

(7) 运行 init 进程。内核初始化完成后，会启动一个名为 init 的空间进程。init 进程是系统的第一个用户空间进程，它会读取并执行配置文件，启动其他系统服务和进程。

(8) 运行级别切换。RHEL8 使用 Systemd 作为默认的 init 系统，它引入了运行级别(Runlevel)的概念。运行级别定义了系统启动后运行的服务和进程。Systemd 通过 systemctl 命令来管理运行级别，用户可以切换不同的运行级别来加载不同的服务。

(9) 启动服务和登录。根据指定的运行级别，Systemd 会启动相应的系统服务和用户进程。如果运行级别为多用户模式(默认运行级别)，Systemd 将启动系统服务并等待用户登录。

(10) 用户登录。一旦系统服务启动完毕，RHEL8 将进入登录界面，等待用户输入用户名和密码。用户成功登录后，将进入图形界面或命令行终端，完成启动过程。

3.2 RHEL8 下 Systemd 并行启动和依赖关系解析机制

RHEL8 采用 Systemd 作为默认的初始化系统，Systemd 是一种全并行的、自动解决依赖性关系的初始化程序。下面是 RHEL8 的初始化程序过程的详细描述。

(1) 内核引导。计算机启动时，内核(通常是 Linux 内核)被加载到内存中并开始执行。内核初始化硬件设备，设置基本的系统参数，并准备启动用户空间进程。

(2) Systemd 引导。内核启动后，控制权被转交给 Systemd，它是 RHEL8 的初始化进程。Systemd 的主要任务是启动系统中的各个服务和进程，并管理它们的生命周期。

(3) 读取配置文件。Systemd 读取主配置文件"/etc/systemd/system.conf"和单位文件目录"/etc/systemd/system"中的各个单位文件(Unit Files)。单位文件描述了系统服务、套接字(Socket)、设备(Device)等。Systemd 通过解析这些文件来确定要启动的单位。

(4) 依赖关系解析。Systemd 分析单位文件之间的依赖关系，并创建一个依赖图。依赖图显示了各个单位之间的依赖关系，以确保它们按正确的顺序启动。

(5) 并行启动。Systemd 利用依赖图并行启动可以独立运行的单位。这意味着在没有依赖关系的情况下，多个单位可以同时启动，以加快系统启动速度。

(6) 服务启动。Systemd 根据依赖图逐个启动各个服务。每个服务在独立的进程中运行，并由 Systemd 监控。Systemd 会记录每个服务的状态和日志信息。

(7) 服务管理。Systemd 提供了一组命令(如 systemctl)用于管理系统服务。管理员可以使用这些命令来启动、停止、重启、禁用、启用和查询服务的状态。

(8) 启动完成。一旦所有的服务启动完成，并且系统已经达到可用状态，Systemd 会发送一个 started.target 的完成信号。这表明系统已经启动完成，并且用户可以登录和使用系统了。

Systemd 的并行启动和依赖关系解析机制使 RHEL8 的初始化过程更加高效和可靠。它能够自动解决服务之间的依赖关系，并通过并行启动来提高启动速度。同时，Systemd 还提供了强大的管理工具和功能，使系统管理员能够更方便地管理和监控系统服务。

3.3 RHEL8 下 4 种常见的 Systemd 目标

在 RHEL8 中，Systemd 引入了多种目标，用于定义系统的运行级别或启动模式。这些目标决定了在系统启动过程中需要启动的服务和进程。下面是 RHEL8 中的 4 种常见的

Systemd 目标。

(1) graphical.target。这是 RHEL8 默认的目标，也称为图形模式目标。它提供了完整的图形用户界面(GUI)环境，包括桌面环境和相关服务。当系统以图形模式启动时，会启动该目标。对应的 Systemd 单元文件是 graphical.target。

(2) multi-user.target。这是多用户模式目标，也称为文本模式目标。它提供了基本的命令行终端环境，适用于多用户登录和服务器场景。当系统以文本模式启动时，会启动该目标。对应的 Systemd 单元文件是 multi-user.target。

(3) network.target。这是网络目标，用于在启动过程中配置和激活网络连接。它是基于文本模式的目标，并且会在启动过程中启动网络相关的服务，如网络接口配置、DHCP 客户端等。对应的 Systemd 单元文件是 network.target。

(4) rescue.target。这是救援目标，也称为紧急目标。它用于修复或恢复系统，当系统遇到问题无法正常启动时可以进入救援模式。救援目标提供了最小化的环境，允许管理员进行故障排除和系统修复。对应的 Systemd 单元文件是 rescue.target。

这些 Systemd 目标定义了不同的系统运行级别或启动模式，并决定了在启动过程中要启动的服务和进程。管理员可以使用 systemctl 命令切换目标，以改变系统的启动模式或修复故障，如可以使用“systemctl isolate multi-user.target”命令将系统切换到多用户模式目标。

3.4 查看和设置默认 Systemd 目标的方法

1. 查看默认 Systemd 目标的方法

使用如下命令可查看默认的 Systemd 目标：

```
systemctl get-default
```

从图 3-1 中可以看到，RHEL8 系统默认的 Systemd 目标是 graphical.target。

```
[root@localhost ~]# systemctl get-default
graphical.target
[root@localhost ~]# 
```

图 3-1 查看 Systemd 目标

2. 查看所有可用的 Systemd 目标的方法

使用如下命令可查看所有可用的 Systemd 目标：

```
systemctl list-units --type=target
```

图 3-2 所示为列出的所有可用的 Systemd 目标。

```
[root@localhost ~]# systemctl list-units --type=target
UNIT                   LOAD   ACTIVE SUB    DESCRIPTION
basic.target           loaded active active Basic System
bluetooth.target       loaded active active Bluetooth
cryptsetup.target      loaded active active Local Encrypted Volumes
getty.target           loaded active active Login Prompts
graphical.target       loaded active active Graphical Interface
local-fs-pre.target    loaded active active Local File Systems (Pre)
local-fs.target        loaded active active Local File Systems
multi-user.target      loaded active active Multi-User System
network-online.target  loaded active active Network is Online
network-pre.target     loaded active active Network (Pre)
network.target         loaded active active Network
nfs-client.target      loaded active active NFS client services
nss-user-lookup.target loaded active active User and Group Name Lookups
paths.target           loaded active active Paths
remote-fs-pre.target   loaded active active Remote File Systems (Pre)
remote-fs.target       loaded active active Remote File Systems
rpc_pipefs.target      loaded active active rpc_pipefs.target
rpcbind.target         loaded active active RPC Port Mapper
slices.target          loaded active active Slices
sockets.target         loaded active active Sockets
sound.target           loaded active active Sound Card
sshd-keygen.target     loaded active active sshd-keygen.target
swap.target            loaded active active Swap
sysinit.target         loaded active active System Initialization
timers.target          loaded active active Timers
```

图 3-2 查看所有可用的 Systemd 目标

3. 设置默认 Systemd 目标的方法

使用如下命令可设置默认的 Systemd 目标：

```
systemctl set-default <target>
```

将 <target> 替换为想要设置为默认目标的目标名称。例如，如果想将默认目标设置为多用户模式目标(multi-user.target)，可以执行以下命令：

```
systemctl set-default multi-user.target
```

如图 3-3 所示，将系统默认的 Systemd 目标设置成了 multi-user.target。

```
[root@localhost ~]# systemctl set-default multi-user.target
Removed /etc/systemd/system/default.target.
Created symlink /etc/systemd/system/default.target → /usr/lib/systemd/syst
em/multi-user.target.
[root@localhost ~]# systemctl get-default
multi-user.target
[root@localhost ~]#
```

图 3-3 设置 Systemd 目标

注意

设置完成后，如果 Systemd 目标没有立刻生效，则需要重启系统。此外，某些目标可能需要特权(root)访问权限才能进行更改。在执行需要特权访问权限的命令时应该使用 sudo 或以 root 身份登录。

课 后 作 业

3-1 简述 Linux 系统启动引导流程。

3-2 简述 RHEL8 下 Systemd 并行启动和依赖关系解析机制。

3-3 RHEL8 下 4 种常见的 Systemd 目标是什么?

3-4 查看和设置默认 Systemd 目标的相关命令是什么?

第 4 章 文件操作管理

本章知识点结构图

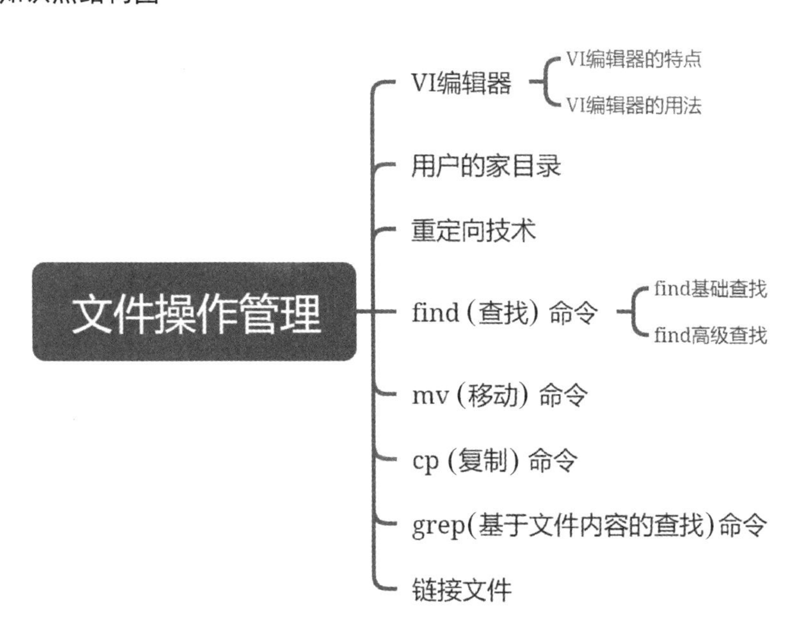

本章将深入研究 Linux 操作系统中的文件操作管理，主要包括 VI 编辑器、用户的家目录、重定向技术、链接文件、find(查找)命令、mv(移动)命令、cp(复制)命令、grep(按内容查找)命令等内容。

通过本章的学习，读者将掌握 Linux 文件操作的关键技巧，有能力高效地管理和处理文件和目录。

4.1 VI 编辑器

VI(全称是 Visual Interface，即可视化界面)编辑器是一款常用的文本编辑器，特别是在 Unix 和 Linux 系统中广泛使用。它是由 Bill Joy 于 1976 年创建的，是一种模式化的文本编辑器。

VI 编辑器以其简洁而强大的命令行界面而闻名，它具有很多高效的编辑功能，适用于处理各种规模和类型的文本文件。虽然它在外观和交互方式上与其他图形化文本编辑器有很大的差异，但对于熟练使用 VI 编辑器的用户来说，它提供了快速而高效的编辑体验。

4.1.1 VI 编辑器的特点

VI 编辑器的主要特点如下。

(1) 模式化编辑。VI 编辑器有两种主要模式，即命令模式和插入模式。在命令模式下，用户可以执行各种编辑命令，如移动光标、删除文本、查找替换等；而在插入模式下，用户可以输入和编辑文本内容。

(2) 快速导航和编辑。VI 编辑器提供了丰富的快捷键和命令，可以快速导航和编辑文本。用户可以使用键盘上的 H、J、K、L 键来移动光标(分别代表左、下、上、右)，还可以使用命令来跳转到特定行、移动到单词边界等。

(3) 强大的搜索和替换功能。VI 编辑器具有强大的搜索和替换功能，可以在文本中快速定位并替换特定的字符、单词或模式。用户可以使用正则表达式进行高级搜索和替换操作。

(4) 多窗口和多缓冲区支持。VI 编辑器支持在多个窗口和多个缓冲区中同时编辑不同的文件。用户可以方便地在文件之间切换、复制和粘贴内容，并在同一编辑器中执行多个任务。

(5) 可扩展性。VI 编辑器是可扩展的，用户可以根据自己的需求自定义配置文件和插件进行个性化设置。

尽管 VI 编辑器的学习曲线可能相对陡峭，然而一旦掌握了其基本命令和工作原理，它将成为一个非常强大和高效的文本编辑工具。无论是在终端环境下还是通过 SSH 远程连接，VI 都是一款常用的编辑器，受到众多开发人员和系统管理员的青睐。

4.1.2 VI 编辑器的用法

VI 编辑器的基本用法如下。

(1) 打开文件。在终端中输入“vi 文件名”，其中“文件名”是要编辑文件的名称。如果文件不存在，VI 将会创建一个新文件。

(2) 模式切换。VI 有两种模式，即命令模式和插入模式。默认情况下，VI 处于命令模式。按 I 键进入插入模式，可以开始输入文本。按 Esc 键返回命令模式。

(3) 保存和退出。在命令模式下，输入“:w”可以保存文件。输入“:q”可以退出 VI。如果对文件进行了修改，需要输入“:wq”来保存并退出。如果想放弃本次对文件进行的修改，可以输入“:q!”来放弃存盘，直接退出。输入“:w 新文件名”可另存文件，如输入":w /tmp/bgl.txt"表示将正在编辑的文件另存为"/tmp/bgl.txt"。

(4) 撤销与重做。

u：撤销操作(如果退出 VI，则撤销和重做均无效)。

Ctrl+R：按此组合键可重做操作。

(5) 快速查找指定关键字，输入以下命令。

/word：查找到的关键字会以黄色背景呈现。

:noh：取消已查找出关键字的背景色。

(6) 添加行号与取消行号，输入以下命令。

:set nu：插入行号。

:set nonu：取消行号。

(7) 光标移动：在命令模式下，可以使用以下命令移动光标。

h：左移一个字符。

j：下移一行。

k：上移一行。

l：右移一个字符。

g：跳转到文件末尾。

gg：跳转到文件开头。

:行号：跳转到指定行号。

(8) 删除文本：在命令模式下，可以使用以下命令删除文本。

x：删除当前光标所在的字符。

dd：删除当前行。

dw：删除当前光标后的一个单词。

(9) 剪切、复制和粘贴：在命令模式下，可以使用以下命令复制和粘贴文本。

yy：复制当前行。

dd：剪切当前行。

yw：复制当前光标后的一个单词。

p：粘贴复制的文本。

(10) 搜索和替换：在命令模式下，可以使用以下命令搜索和替换文本。

“/要搜索的内容”：向下搜索指定内容。

“?要搜索的内容”：向上搜索指定内容。

“:s/旧内容/新内容”：将旧内容替换为新内容。

4.2 用户的家目录

Linux 系统下用户的家目录分为超级用户(root)的家目录和普通用户的家目录。

(1) 超级用户(root)的家目录。

家目录路径：在 RHEL8 中，超级用户 root 的家目录路径通常是"/root"。

权限：只有 root 用户才能访问和修改"/root"目录中的文件和目录。

(2) 普通用户的家目录。

家目录路径：普通用户的家目录路径通常是"/home/用户名"，其中“用户名”是用户的实际用户名。例如，如果用户名是"zhangsan"，那么该用户的家目录路径将是"/home/zhangsan"。

权限：普通用户对自己的家目录具有完全访问权限，其他用户默认情况下无法直接访问。

这些家目录路径和权限设置是 RHEL8 的默认设置。在特殊情况下，这些路径和权限可能会被修改或自定义。

(3) su 命令的用法。

su(Switch User)命令在 Linux 系统中用于切换到其他用户身份，包括切换到超级用户(root)身份。它提供了一种在命令行中切换用户的方法。以下是 su 命令的一些常见用法。

① 切换到超级用户(root)。命令如下：

```
su
```

该命令将切换到超级用户(root)身份。在执行命令后，系统会要求用户输入 root 用户的密码。验证成功后，用户将以 root 用户身份继续执行命令。

② 切换到其他用户。命令如下：

```
su username
```

该命令将切换到指定的目标用户身份，其中 username 是目标用户的用户名。在执行命令后，系统会要求输入目标用户的密码。验证成功后，用户将以目标用户身份继续执行命令。

③ 切换到指定用户并执行命令。命令如下：

```
su -c "command" username
```

该命令将切换到指定的用户身份，并在该用户下执行指定的命令。-c 选项表示要执行的命令，username 是目标用户的用户名。在执行命令前，系统会要求输入目标用户的密码。

④ 切换到指定用户的登录环境。命令如下：

```
su - username
```

该命令将切换到指定用户的 Shell 环境。“-”选项表示切换到目标用户的登录环境，包括读取目标用户的配置文件(如.bashrc)以及设置目标用户的工作目录和环境变量等。

需要注意，在使用 su 命令时，要确保以有权切换的用户身份执行，并遵循最小权限原则。同时，要注意输入密码时的安全性，确保密码不被他人窃取。这些是 su 命令的一些常见用法示例。如需了解更多选项和详细信息，可以执行“man su”命令查看帮助文档。

4.3 重定向技术

(1) 标准输出重定向(>)：将命令的输出重定向到文件中。实现此功能的命令如下：

```
command > output.txt
```

这将把 command 命令的输出写到 output.txt 文件中。如果文件不存在，则创建一个新文件；如果文件已存在，则覆盖原有内容。

(2) 追加输出重定向(>>)：将命令的输出追加到文件末尾。实现此功能的命令如下：

```
command >> output.txt
```

这将把 command 命令的输出追加到 output.txt 文件的末尾。如果文件不存在，则创建一个新文件；如果文件已存在，则将内容追加到文件末尾。

(3) 标准错误重定向(2>或 2>>)：将命令的错误输出重定向到文件中。实现此功能的命令如下：

```
command 2> error.txt
```

这将把 command 命令的错误输出写到 error.txt 文件中。如果文件不存在，则创建一个新文件；如果文件已存在，则覆盖原有内容。

(4) 输出和错误合并重定向(&>或&>>)：将命令的输出和错误输出合并重定向到文件中。实现此功能的命令如下：

```
command &> output.txt
```

这将把 command 命令的输出和错误输出合并写到 output.txt 文件中。如果文件不存在，则创建一个新文件；如果文件已存在，则覆盖原有内容。

(5) 标准输入重定向(<)：将命令的输入重定向为文件内容。实现此功能的命令如下：

```
command < input.txt
```

这将把 input.txt 文件的内容作为 command 命令的输入。

(6) 管道(|)：将一个命令的输出作为另一个命令的输入。实现此功能的命令如下：

```
command1 | command2
```

这将把 command1 命令的输出作为 command2 命令的输入。

这些重定向技术在 Linux 中非常有用，可以将命令的输入和输出灵活地定向到文件或其他命令，以满足各种需求。

4.4 find(查找)命令

find 命令是在 Linux 系统中用于查找文件和目录的强大工具。它提供了多种选项和参数，可以按名称、类型、用户、大小和权限等条件进行查找。下面是 find 命令的使用方法。

4.4.1 find 基础查找

1. 按名称查找

(1) 查找特定文件名：使用“-name”选项，后面跟随要查找的文件名模式。实现此功能的命令如下：

```
find /path/to/search -name "filename"
```

(2) 模糊匹配文件名：使用通配符(如“*”和“?”)进行模糊匹配。实现此功能的命令如下：

```
find /path/to/search -name "file*.txt"
```

2, 按类型查找

(1) 查找文件：使用“-type f”选项。实现此功能的命令如下：

```
find /path/to/search -type f
```

(2) 查找目录：使用“-type d”选项。实现此功能的命令如下：

```
find /path/to/search -type d
```

3. 按用户查找

查找属于特定用户的文件：使用“-user”选项，后面跟随用户名。实现此功能的命令如下：

```
find /path/to/search -user username
```

4. 按大小查找

(1) 查找大于指定大小的文件：使用“-size”选项，后面跟随文件大小。实现此功能的命令如下：

```
find /path/to/search -size +10M
```

10M 指查找大于 10MB 的文件。

(2) 查找小于指定大小的文件：使用“-size”选项，后面跟随文件大小。实现此功能的命令如下：

```
find /path/to/search -size -1G
```

1G 指查找小于 1GB 的文件。

5. 按权限查找

查找具有特定权限设置的文件：使用“-perm”选项，后面跟随权限模式。实现此功能的命令如下：

```
find /path/to/search -perm 644
```

644 指查找具有 644 权限的文件。

以上仅是 find 命令的一些常见用法示例，该命令还有许多其他选项和参数可供使用。可以通过执行“man find”命令在终端上查看完整的 find 命令手册，以了解更多详细信息和使用技巧。

4.4.2 find 高级查找

“find -exec”命令用于在找到的每个文件上执行指定的操作，一般包括复制、移动和删除。下面是“find -exec”命令在复制、移动和删除文件时的详细用法示例。

(1) 复制文件。实现此功能的命令如下：

```
find /path/to/search -name "*.txt" -exec cp {} /path/to/destination \;
```

该示例中，find 命令查找"/path/to/search"路径下的所有以“.txt”结尾的文件，并使用“-exec”选项在每个找到的文件上执行 cp 命令，将文件复制到指定的目标路径"/path/to/destination"。

(2) 移动文件。实现此功能的命令如下：

```
find /path/to/search -name "*.txt" -exec mv {} /path/to/destination \;
```

该示例中，find 命令查找"/path/to/search"路径下的所有以“.txt”结尾的文件，并使用“-exec”选项在每个找到的文件上执行 mv 命令，将文件移动到指定的目标路径"/path/to/destination"。

(3) 删除文件。实现此功能的命令如下：

```
find /path/to/search -name "*.txt" -exec rm {} \;
```

该示例中，find 命令查找"/path/to/search"路径下的所有以“.txt”结尾的文件，并使用“-exec”选项在每个找到的文件上执行 rm 命令，将文件删除。

需要注意，在使用“-exec”选项时，一定要确认操作的对象，以免意外删除或移动了重要的文件。建议在执行删除或移动操作之前先进行测试，确保操作符合预期。

另外，还可以使用其他选项和参数来进一步定制 find 命令，如限制搜索的深度、指定文件类型、排除特定目录等，以满足你的具体需求。

4.5 mv(移动)命令

mv 命令在 Linux 系统中用于移动文件或重命名文件。mv 命令的 4 种常见用法如下。

(1) 移动文件到目录。实现此功能的命令如下：

```
mv /path/to/source/file /path/to/destination/directory
```

这种用法将源文件移动到目标目录中。源文件的路径为"/path/to/source/file"，目标目录的路径为"/path/to/destination/directory"。

(2) 重命名文件。实现此功能的命令如下：

```
mv /path/to/source/file /path/to/destination/newname
```

这种用法将源文件重命名为新的文件名。源文件的路径为"/path/to/source/file"，目标文件的路径为"/path/to/destination/newname"。这相当于将源文件移动到目标路径并更改文件名。

(3) 移动并覆盖文件。实现此功能的命令如下：

```
mv -f /path/to/source/file /path/to/destination/directory
```

使用“-f”选项可以强制移动文件，并在目标目录中存在同名文件时进行覆盖。需谨慎使用此选项，因为会导致目标文件的内容被覆盖。

(4) 批量移动文件。实现此功能的命令如下：

```
mv /path/to/source/*.txt /path/to/destination/directory
```

这种用法使用通配符(如*.txt)匹配一组文件，并将它们移动到目标目录中。这对于批量操作非常方便，可以一次性移动多个文件。

以上是 mv 命令的 4 种常见用法示例，用户可根据自己的具体需求选择适当的用法。记住，在进行移动操作之前，最好先进行备份或确认操作的对象，以避免意外丢失文件或数据。如有需要，可参考 mv 命令的官方文档或运行“man mv”命令获取更多详细信息和选项的说明。

4.6 cp(复制)命令

cp 命令在 Linux 系统中用于复制文件和目录。它可以将源文件或目录复制到指定的目标位置。cp 命令的常见用法如下。

(1) 复制文件到目录。实现此功能的命令如下：

```
cp /path/to/source/file /path/to/destination/directory
```

这种用法将源文件复制到目标目录中。源文件的路径为"/path/to/source/file"，目标目录的路径为"/path/to/destination/directory"。

(2) 复制文件并重命名。实现此功能的命令如下：

```
cp /path/to/source/file /path/to/destination/newname
```

这种用法将源文件复制到目标路径并重命名为新的文件名。源文件的路径为"/path/to/source/file"，目标文件的路径为"/path/to/destination/newname"。

(3) 复制目录及其内容。实现此功能的命令如下：

```
cp -r /path/to/source/directory /path/to/destination/directory
```

使用“-r”选项可以递归复制目录及其所有内容(包括子目录和文件)。源目录的路径为"/path/to/source/directory"，目标目录的路径为"/path/to/destination/directory"。

(4) 复制并覆盖文件。实现此功能的命令如下：

```
cp -f /path/to/source/file /path/to/destination/directory
```

使用“-f”选项可以强制复制文件，并在目标目录中存在同名文件时进行覆盖。需谨慎使用此选项，因为会导致目标文件的内容被覆盖。

以上是 cp 命令的常见用法示例。用户可根据自己的具体需求选择适当的用法。注意，复制目录时，可使用递归选项“-r”来确保所有内容都被复制。如有需要，可参考 cp 命令的官方文档或运行“man cp”命令获取更多详细信息和选项说明。

4.7 grep(基于文件内容的查找)命令

grep 命令在 Linux 系统中用于在文件中搜索指定的模式(文本字符串)并输出匹配的行。这是一个强大的文本搜索工具，支持正则表达式和多种搜索选项。grep 命令的常见用法如下。

(1) 在单个文件中搜索模式。实现此功能的命令如下：

```
grep "pattern" filename
```

这个命令将在指定的文件 filename 中搜索包含指定模式 pattern 的行，并将匹配的行输出到终端。

(2) 在多个文件中搜索模式。实现此功能的命令如下：

```
grep "pattern" file1 file2 file3
```

这个命令将在 file1、file2、file3 多个文件中搜索指定模式，并将匹配的行输出到终端。如果想同时搜索某个目录下的所有文件，可以使用通配符，如 grep "pattern" /path/to/directory/*。

(3) 忽略字母大小写。实现此功能的命令如下：

```
grep -i "pattern" filename
```

使用“-i”选项可以忽略搜索模式中的字母大小写，即不区分大小写地进行匹配。

(4) 输出行号。实现此功能的命令如下：

```
grep -n "pattern" filename
```

使用“-n”选项可以在输出结果中显示匹配行的行号，方便定位匹配的位置。

(5) 递归搜索目录。实现此功能的命令如下：

```
grep -r "pattern" /path/to/directory
```

使用“-r”选项可以递归搜索指定目录下的所有文件和子目录，以便找到匹配模式的行。

(6) 使用正则表达式。实现此功能的命令如下：

```
grep -E "regex pattern" filename
```

使用“-E”选项可以启用扩展的正则表达式模式匹配。这允许更灵活和复杂的模式匹配。

以上是 grep 命令的一些常见用法示例。grep 还支持更多的选项和功能，如排除匹配、反向匹配、统计匹配行数等。如需了解更多选项和详细信息，可执行“man grep”命令查看帮助文档。

4.8 链接文件

在 Linux 系统中，链接文件是一种特殊类型的文件，用于创建文件之间的关联。有两种类型的链接文件，即符号链接(Symbolic Link)和硬链接(Hard Link)。

1. 符号链接

符号链接是一个指向目标文件或目录的特殊文件。它类似于 Windows 系统中的快捷方式。符号链接创建一个新的文件，其中包含对目标文件或目录路径的引用。符号链接可以跨文件系统，可以链接到文件或目录。

创建符号链接的命令是“ln -s”。例如：

```
ln -s /path/to/target /path/to/symlink
```

2. 硬链接

硬链接是目标文件或目录的另一个入口点，可以通过不同的名称访问相同的文件内容。硬链接与原始文件没有区别，它们共享相同的 inode 和数据块。硬链接只能在同一文件系统中创建，并且只能链接到文件，不能链接到目录。

创建硬链接的命令是 ln。例如：

```
ln /path/to/target /path/to/link
```

3. 使用链接文件时的注意事项

删除原始文件不会影响符号链接或硬链接，只有当所有链接都被删除时，才会释放文件的空间。

对于符号链接，如果原始文件或目录被重命名或移动，链接可能会失效。

对于硬链接，原始文件和链接之间没有所谓的源文件和链接的关系，它们是完全平等的入口点。

课 后 作 业

4-1 简述 VI 编辑器的用法。

4-2 超级用户(root)的家目录以及普通用户的家目录是什么？

4-3 分别叙述标准输出重定向、追加输出重定向、标准错误重定向、输出和错误合并重定向的含义。

4-4 简述 find 基础查找命令的用法。

4-5 简述 find 高级查找命令的用法。

4-6 简述 grep 基于文件内容的查找命令的用法。

第5章 用户与组管理

本章知识点结构图

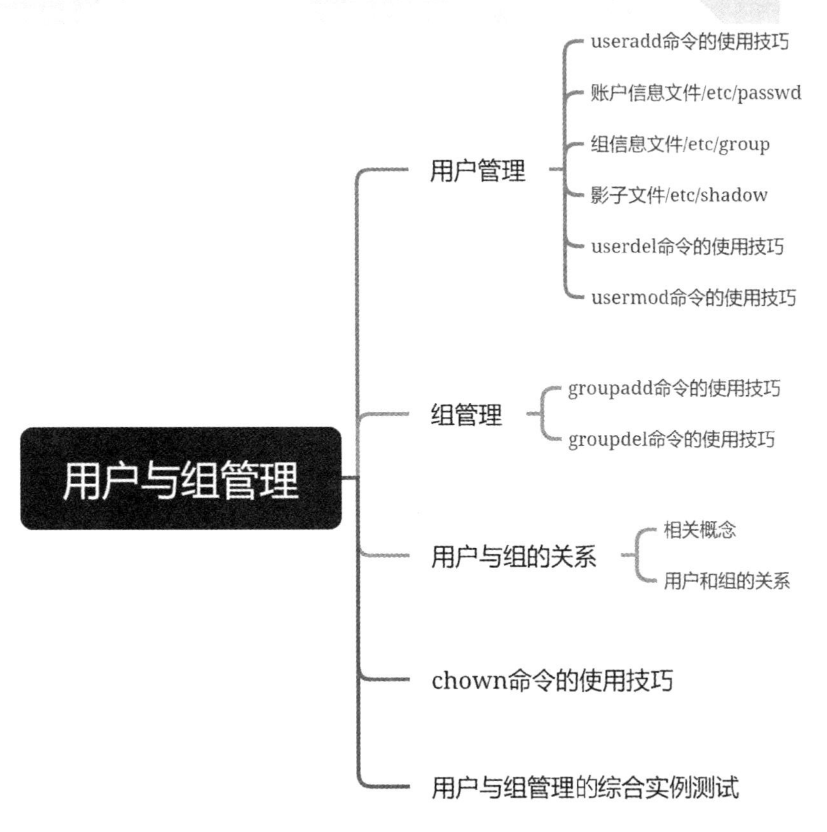

本章主要讲解 Linux 系统中用户与组管理相关的知识，包括用户管理、组管理、用户与组的关系、chown 命令的使用技巧、用户与组管理的综合实例测试等内容。

通过对本章内容的学习，读者将掌握在 Linux 系统中有效管理用户与组的基础知识和技巧。

5.1 用户管理

5.1.1 useradd 命令的使用技巧

在 Linux 系统中，useradd 命令用于创建新用户账户。它是一个基本的用户管理命令，可用于创建用户账户并设置其相关属性。下面是 useradd 命令的一般用法和常见选项。

```
useradd [选项] 用户名
```

常见的选项及其含义如下。

-c, --comment "注释"：为用户添加注释，通常用于提供有关用户的额外信息。

-d, --home HOME_DIR：指定用户的主目录路径。

-e, --expiredate EXPIRE_DATE：设置用户账户的过期日期，格式为 YYYY-MM-DD。

-f, --inactive INACTIVE：设置账户在密码过期后的非活动期限，以天数计算。

-g, --gid GROUP：指定用户所属的初始用户组。

-G, --groups GROUP1[,GROUP2,...]：指定用户所属的附加组列表。

-m, --create-home：在创建用户时自动创建主目录。

-s, --shell SHELL：指定用户的登录 Shell。

-u, --uid UID：为用户指定一个特定的用户 ID。

-p, --password PASSWORD：设置用户账户的密码(已加密)。

示例用法如下。

(1) 创建一个名为 john 的用户，将其添加到 users 组，并指定主目录为"/home/john"：

```
useradd -g users -d /home/john john
```

(2) 创建一个名为 jane 的用户，将其添加到 users 组和 developers 组，设置主目录为"/home/jane"，并指定 Shell 为"/bin/bash"：

```
useradd -G users,developers -d /home/jane -s /bin/bash jane
```

(3) 创建一个名为 a001 的用户，将其 Shell 设置成"/sbin/nologin"。

对于新创建的用户 a001，由于其 Shell 被设置为"/sbin/nologin"，所以该用户无法本地登录，只能远端登录，如图 5-1 所示。

```
[root@192 ~]# useradd -s /sbin/nologin a001
[root@192 ~]# passwd a001
Changing password for user a001.
New password:
BAD PASSWORD: The password is a palindrome
Retype new password:
passwd: all authentication tokens updated successfully.
[root@192 ~]# su - a001
This account is currently not available.
[root@192 ~]#
```

图 5-1 用户 Shell 类型测试 1

如何开启用户 a001 的本地登录权限呢？直接修改"/etc/passwd"中的 Shell 字段，将其设置为"/bin/bash"，如图 5-2 所示，就又可以本地登录了。

```
[root@192 ~]# su - a001
This account is currently not available.
[root@192 ~]# vim /etc/passwd
[root@192 ~]# su - a001
Last login: Sun Jul 23 18:08:05 PDT 2023 on pts/1
[a001@192 ~]$ tail -3 /etc/passwd
tcpdump:x:72:72::/:/sbin/nologin
zhangsan:x:1000:1000:rhel8,,,,:/home/zhangsan:/bin/bash
a001:x:1001:1001::/home/a001:/bin/bash
[a001@192 ~]$
```

图 5-2 用户 Shell 类型测试 2

(4) 创建一个名为 a002 的用户，将其注释信息设置为“ordinary user”，将目录设置为"/var/a002"，如果该目录不存在，先创建该目录，设置该用户 UID 为 222：

```
useradd -c "ordinary user" -m -d /var/a002 -u 222 a002
```

注意，创建用户后，还需要为其设置密码，可以使用 passwd 命令进行密码设置，如图 5-3 所示。

```
[root@192 ~]# useradd -c "ordinary user" -m -d /var/a002 -u 222 a002
[root@192 ~]# passwd a002
Changing password for user a002.
New password:
BAD PASSWORD: The password is a palindrome
Retype new password:
passwd: all authentication tokens updated successfully.
[root@192 ~]#
```

图 5-3 创建用户并设置密码

在图 5-3 中，使用 useradd 命令创建了普通用户 a002 后，继续使用“passwd a002”命令为 a002 用户设置密码，需要连续输入两次密码，且密码相同才可以设置成功。此时，Linux 系统通常会有以下 4 个连锁反应。

(1) 创建用户账户。useradd 命令将在系统中创建一个名为 a002 的新用户账户。它会创建一个用户条目，并将相关信息添加到系统的用户数据库中(如"/etc/passwd"文件)。

(2) 设置用户密码。“passwd a002”命令用于设置用户 a002 的密码。系统会提示输入密码，并要求进行确认。一旦确认密码，系统将对密码进行加密，并将其存储在"/etc/shadow"文件中，与用户账户相关联。

(3) 创建用户主目录。根据系统的默认设置，useradd 命令会自动在"/home"目录下创建一个名为 a002 的用户主目录。该目录将作为用户 a002 的家目录，用于存储用户的文件和个人设置。但这里在 useradd 命令中使用了-d 参数，指定了将目录"/var/a002"作为用户 a002 的家目录，所以不再使用系统默认的用户家目录了。

(4) 更新系统文件和数据库。运行以上两个命令后，系统的相关文件和数据库将会被更新，以反映新用户的添加和密码设置。"/etc/passwd"文件会包含 a002 用户的账户信息，"/etc/shadow"文件中将包含加密后的用户密码。

需要注意，上述连锁反应假设在执行过程中未出现错误。如果出现任何错误，如用户名已存在或密码不符合要求，系统将返回相应的错误消息并不会继续进行相应的操作。

5.1.2 账户信息文件/etc/passwd

在 Linux 系统中，"/etc/passwd"文件存储着用户的账户信息。每一行代表一个用户账户，并由多个字段组成，字段之间使用冒号(:)进行分隔。账户信息文件"/etc/passwd"中各个字段的含义如下。

(1) 用户名字段(User Name)：用户的登录名，用于识别用户账户。

(2) 密码字段(Password)：在早期的系统中，此字段存储了用户的密码。但现在通常是一个占位符，表示密码已经加密并存储在"/etc/shadow"文件中。

(3) 用户 ID 字段(User ID)：也称为 UID，是一个唯一的数字标识符，用于识别用户的身份。

(4) 组 ID 字段(Group ID)：也称为 GID，表示用户所属的主要用户组的标识符。

(5) 用户信息字段(User Information)：通常是一些关于用户的描述性信息，如全名、职位、电话号码等。在 Linux 系统中，此字段往往为空。

(6) 家目录字段(Home Directory)：指定用户的主目录路径，即用户登录后所在的初始目录。

(7) 登录 Shell 字段(Login Shell)：指定用户登录后默认使用的 Shell 程序。

这些字段以冒号(:)作为分隔符，每个用户账户占据一行，每个字段的顺序固定。注意，密码字段中的占位符通常是一个单独的 x，实际的密码存储在"/etc/shadow"文件中，该文件只能由特权用户访问。图 5-4 是执行“tail -5 /etc/passwd”命令显示账户信息文件"/etc/passwd"最后 5 行的内容，每一行描述了一个账户信息，包含上述的 7 个字段。例如，最后一行描述的是账户 a002 的信息。用户名是 a002，密码是占位符 x，用户 ID 是

222，用户所属的主要组 ID 是 1002，用户的描述信息为“ordinary user”，用户的家目录是"/var/a002"，用户的 Shell 是"/bin/bash"。

```
[root@192 ~]# tail -5 /etc/passwd
avahi:x:70:70:Avahi mDNS/DNS-SD Stack:/var/run/avahi-daemon:/sbin/nologin
tcpdump:x:72:72::/:/sbin/nologin
zhangsan:x:1000:1000:rhel8,,,,:/home/zhangsan:/bin/bash
a001:x:1001:1001::/home/a001:/bin/bash
a002:x:222:1002:ordinary user:/var/a002:/bin/bash
[root@192 ~]#
```

图 5-4 账户信息文件/etc/passwd

5.1.3 组信息文件/etc/group

在 Linux 系统中，组信息文件"/etc/group"用于存储系统中所有用户组的信息。每行记录表示一个用户组，并且每行包含多个字段，这些字段使用冒号(:)分隔。下面是"/etc/group"文件中各个字段的含义。

(1) 组名(Group name)：用户组的名称，用于标识用户组。它必须是唯一的，不允许有重复的组名。

(2) 组密码(Password)：该字段通常用 x 表示，表示组密码已经存储在"/etc/gshadow"文件中。"/etc/gshadow"文件是一个加密文件，存储了组的密码信息。"/etc/group"文件通过组密码字段 x 指向"/etc/gshadow"文件中对应组的密码记录。

(3) 组 ID(Group ID)：这是用户组的唯一标识符。每个组都有一个唯一的组 ID。它是一个非负整数值。用户组 ID 在系统中用于识别用户组，而不是组名。组 ID 为 0 的用户组通常是 root 用户组。

(4) 组成员(Group members)：这是一个用逗号分隔的用户列表，表示属于这个用户组的所有用户。组成员字段包含属于该组的所有用户的用户名。通常情况下，组的创建者是组的初始成员。

例如，一个典型的"/etc/group"文件的内容可能如下：

```
admins:x:1000:user1,user2,user3
developers:x:1001:user4,user5
```

在上面的例子中，第一行中的组名是 admins，组 ID 是 1000，该组的密码信息存储在"/etc/gshadow"文件中，组成员有 3 个用户，即 user1、user2、user3。第二行中的组名是 developers，组 ID 是 1001，该组的密码信息同样存储在 "/etc/gshadow"文件中，组成员有两个用户，即 user4、user5。

注意，使用文本编辑器编辑"/etc/group"文件时要谨慎，因为这是一个系统文件，更改其中的内容可能会导致系统出现问题。建议在修改系统配置文件之前备份原始文件。

5.1.4 影子文件/etc/shadow

在 Linux 系统中，"/etc/shadow"文件用于存储系统中所有用户的密码信息，这些密码信息是经过加密处理的，以增加安全性。每行记录表示一个用户，包含多个字段，这些字段使用冒号(:)分隔。下面是"/etc/shadow"文件中各个字段的含义。

(1) 用户名(Username)：用户的登录名，用于标识用户。它必须是唯一的，不允许有重复的用户名。

(2) 加密密码(Password)：该字段存储经过加密的用户密码。在 Linux 系统中，实际的用户密码并不直接存储在该字段中，而是存储其哈希值。如果该字段为空或包含字符 !，则表示该用户没有密码，不能直接登录。如果包含字符*，则表示该用户账号已被锁定，也不能直接登录。

(3) 最后一次修改密码的日期(Last password change)：表示从“1970 年 1 月 1 日”开始计算的天数，它记录了用户最后一次修改密码的日期。

(4) 密码过期时间(Password expiration)：表示从“1970 年 1 月 1 日”开始计算的天数。它表示用户密码的有效期限。如果该字段的值为 0，则表示密码已经过期，用户必须立即修改密码。如果该字段的值为-1，则表示密码永远不会过期。

(5) 密码需要更改前的警告天数(Password change warning)：表示从“1970 年 1 月 1 日”开始计算的天数。它用于提前通知用户密码即将过期，让用户及时修改密码。

(6) 密码过期后的宽限时间(Password change grace period)：表示从“1970 年 1 月 1 日”开始计算的天数。它表示在密码过期后的一段时间内，用户仍可以登录，但必须在此期限内修改密码。

(7) 密码失效时间(Account expiration)：表示从“1970 年 1 月 1 日”开始计算的天数。它表示用户账号的有效期限。如果该字段的值为 0，则表示用户账号已经失效，不能登录。如果该字段的值为-1，则表示用户账号永远不会失效。

(8) 保留字段(Reserved)：该字段目前没有被使用，保留供未来使用。

例如，一个典型的"/etc/shadow"文件可能如下：

```
user1:$6$Oc2cgrRt$93K1YLUpyE5t7ATaJYH32Bs5EVLn0ftz6jtuDmZpCqIETrvXLJpQ3U
4KIS9loWT0eI3xw5hM3J3q2LmDo8QH/:18938:0:99999:7:::
user2:$6$dNfw77VO$W3VlGAM6mtaeixRt3k7rFkcvBJ.sr70y9KQJ..UAsxV84p9fkmMmRQ
rDO74b.l1KprYjq7MIuLb27awBhrii1:18938:0:99999:7:::
```

在上面的例子中，第 1、2 行中的用户名是 user1，加密密码是“6Oc2cgrRt$93K1YLUpyE5t7ATaJYH32Bs5EVLn0ftz6jtuDmZpCqIETrvXLJpQ3U4KIS9loWT0eI3xw5hM3J3q2LmDo8QH/”，最后一次修改密码的日期是“18938 天”前，密码过期时间是“99999 天”后，密码需要更改前的警告天数是“7 天”，密码过期后的宽限时间是“7 天”，密码失效时间是空的(永不过期)。

第 3、4 行中的用户名是 user2，加密密码是“6dNfw77VO$W3VlGAM6mtaeixRt3k7rFkcvBJ.sr70y9KQJ..UAsxV84p9fkmMmRQrDO74b.l1KprYjq7MIuLb27awBhrii1”，其他字段的含义与前面类似。

"/etc/shadow"文件的权限非常重要，只有 root 用户和 shadow 组的用户才有权限读取这个文件。这样确保了普通用户无法获取到加密后的密码信息。因此，在修改这个文件时要格外小心，以防止破坏密码信息和系统安全。

5.1.5 userdel 命令的使用技巧

在 Linux 系统中，userdel 命令用于删除用户账号。它允许系统管理员删除不再需要的用户账号，同时可以选择是否删除用户的个人文件和目录。需要注意，只有超级用户(root)可以运行 userdel 命令。

userdel 命令的基本语法格式如下：

```
userdel [选项] 用户名
```

userdel 命令常用的选项包括以下几个。

-r：删除用户的家目录以及相关文件。使用这个选项会将用户的个人文件和设置一并删除。如果不带此选项，则用户的家目录和文件将保留在系统中，但用户账号将被禁用。

-f：强制删除用户，即使用户当前已登录系统，也会强制终止用户的登录会话并删除账号。

-Z：在使用 SELinux 的系统上，该选项会删除用户的 SELinux 用户和角色信息。

注意，使用 userdel 命令删除用户账号是一项敏感操作，需谨慎使用。

以下是一些 userdel 命令的用法示例。

(1) 删除用户账号(保留用户家目录)，命令如下：

```
userdel john
```

(2) 删除用户账号及其家目录和文件，命令如下：

```
userdel -r jane
```

(3) 强制删除用户账号(即使用户当前已登录)，命令如下：

```
userdel -f jim
```

注意，userdel 命令只会删除用户账号和相关文件，而不会删除与用户相关的组。如果用户是某个组的唯一成员并且不再需要该组时，可以使用 groupdel 命令删除组。

5.1.6 usermod 命令的使用技巧

在 Linux 系统中，usermod 命令用于修改用户账户的属性。它允许系统管理员更改用户账户的各种设置，如用户名、用户 ID、所属组、登录 Shell 等。下面是 usermod 命令的语法格式：

```
usermod [options] USERNAME
```

其中，USERNAME 是要修改的用户账户的用户名。

usermod 命令有一些常用选项，下面是一些常见的选项及其用途。

(1) 修改用户名，命令如下：

```
usermod -l NEW_USERNAME OLD_USERNAME
```

此命令用于将用户的用户名由 OLD_USERNAME 修改为 NEW_USERNAME。

(2) 修改用户 ID (UID)，命令如下：

```
usermod -u NEW_UID USERNAME
```

此命令用于将用户的 UID 修改为 NEW_UID。

(3) 修改所属组，命令如下：

```
usermod -g NEW_GROUP USERNAME
```

此命令用于将用户的主要所属组修改为 NEW_GROUP。

(4) 添加用户到其他附加组，命令如下：

```
usermod -G ADDITIONAL_GROUP1,ADDITIONAL_GROUP2,...,ADDITIONAL_GROUPN
USERNAME
```

此命令用于将用户添加到其他附加组，多个组之间用逗号分隔。

(5) 修改用户的登录 Shell，命令如下：

```
usermod -s NEW_SHELL USERNAME
```

此命令用于将用户的登录 Shell 修改为 NEW_SHELL。

(6) 禁用用户账户，命令如下：

```
usermod -L USERNAME
```

此命令用于锁定用户账户，禁止其登录系统。

(7) 解锁用户账户，命令如下：

```
usermod -U USERNAME
```

此命令用于解锁之前被锁定的用户账户。

(8) 设置账户过期日期，命令如下：

```
usermod -e EXPIRE_DATE USERNAME
```

此命令用于设置用户账户的过期日期，格式为“YYYY-MM-DD”。

(9) 强制用户在下次登录时修改密码，命令如下：

```
usermod -p '*' USERNAME
```

使用此命令将在下次用户登录时强制其修改密码。

注意，在使用 usermod 命令时，务必小心谨慎，因为错误的操作可能会导致系统不稳定或数据丢失。在对用户账户进行修改之前，建议提前备份相关数据或进行测试。同时，对于涉及系统关键部分的修改，最好在管理员权限下执行该命令。

5.2 组 管 理

5.2.1 groupadd 命令的使用技巧

在 Linux 系统中，groupadd 命令用于创建一个新的用户组。系统管理员可以使用 groupadd 命令来管理用户组，为用户分配不同的组，以便更好地管理文件和目录的访问权限。下面是 groupadd 命令的语法格式：

```
groupadd [options] GROUP_NAME
```

其中，GROUP_NAME 是要创建的新用户组的组名。

groupadd 命令有一些常用的选项，下面是一些常见的选项及其用途。

(1) 创建一个新的用户组，命令如下：

```
groupadd GROUP_NAME
```

此命令用于创建一个名为 GROUP_NAME 的新用户组。

(2) 指定用户组 ID (GID)，命令如下：

```
groupadd -g GID GROUP_NAME
```

此命令用于创建一个指定 GID 的新用户组。GID 必须是唯一的，且未被其他用户组使用。

(3) 指定用户组的初始名称，命令如下：

```
groupadd -r GROUP_NAME
```

此命令用于创建一个系统用户组。系统用户组的 GID 号通常会小于普通用户组的 GID 号。

(4) 显示用户组的详细信息，命令如下：

```
groupadd -v GROUP_NAME
```

使用此命令将显示创建用户组的详细信息。

注意，在使用 groupadd 命令时，组名和组 ID 必须是唯一的，且符合系统的命名规范。通常，用户组的名称应该只包含字母、数字和下划线，并且以字母开头。同时，对于涉及系统关键部分的操作，建议以管理员权限执行该命令。

5.2.2　groupdel 命令的使用技巧

在 Linux 系统中，groupdel 命令用于删除一个已存在的用户组。系统管理员可以使用 groupdel 命令来管理用户组，从而删除不再需要的用户组。下面是 groupdel 命令的语法格式：

```
groupdel GROUP_NAME
```

其中，GROUP_NAME 是要删除的用户组的组名。

注意，groupdel 命令只能由系统管理员以 root 权限来执行，因为删除用户组可能会影响到系统文件和目录的访问权限。在删除用户组之前，建议仔细检查是否有用户仍然属于该组，避免数据丢失或权限混乱。

执行 groupdel 命令时，如果用户组中仍有用户存在，会出现一个警告。如果确认要删除用户组并且组内没有任何用户，可输入 yes 继续执行删除操作。

示例：

```
groupdel mygroup
```

这将删除名为 mygroup 的用户组，前提是用户具有足够的权限来执行该操作。

5.3　用户和组的关系

5.3.1　相关概念

在 Linux 系统中，组(Group)和用户(User)之间有着紧密的关系，这种关系是用来组织和管理用户的权限和资源访问。下面是组和用户之间关系的主要内容。

(1) 用户(User)。用户是系统上的个体，每个用户都有一个唯一的用户名(Username)和用户 ID(UID)。每个用户可以有自己的个人文件和配置，拥有自己的工作目录(Home Directory)和登录 Shell。用户可以通过登录系统来访问系统资源。

(2) 组(Group)。组是用户的集合，可以将用户组织到不同的组中。每个用户组有一个唯一的组名(Group Name)和组 ID(GID)。组可以用来管理用户的共享访问权限，如一个项目组可以将相关的用户都添加到同一个组中，以便他们共享项目文件的访问权限。

(3) 主要组(Primary Group)。每个用户在创建时都会有一个主要组，这是用户默认所属的组。在用户创建文件时，默认情况下，文件的所属组会被设置为用户的主要组。

(4) 附加组(Supplementary Group)。除了主要组外，用户还可以属于其他附加组。用户可以同时属于多个组，这些组被称为用户的附加组。附加组可以用来实现文件共享和访问控制。

(5) 文件权限和组。Linux 系统中的文件和目录都有拥有者(owner)、所属组(group)和其他用户(others)的访问权限。文件的所属组决定了该组内的用户对文件的访问权限。例如，如果文件的所属组是 project-team 组，那么属于 project-team 组的用户将具有该文件的组访问权限。

通过适当地管理用户和组，管理员可以有效地控制对系统资源的访问权限，并确保数据的安全性和机密性。这种组织结构和访问权限的管理是 Linux 系统的重要特性之一，也是确保多用户环境下系统稳定和安全运行的关键。

5.3.2 用户和组的关系

1. 修改用户的主要用户组

在 Linux 系统下，修改用户的 primary group(主要用户组)可以通过以下方法进行。

使用 usermod 命令可以修改用户的主要用户组。假设要将用户 username 的主要用户组修改为 newgroup，可以使用以下命令：

```
usermod -g newgroup username
```

这将把用户 username 的主要用户组设置为 newgroup。

2. 修改用户的附加组

方法一：如果希望将用户添加到一个新的附加组，可以使用 usermod 命令的-aG 选项。假设要将用户 username 添加到附加组 newgroup，可以使用以下命令：

```
usermod -aG newgroup username
```

注意，-aG 选项中的-a 表示“追加”(append)，这样用户将保留其现有的附加组，并添加到 newgroup 组。

方法二：gpasswd 是一个用于管理组(group)的命令，在 Linux 系统中可以用于添加和删除用户到指定的组中，该组为用户的附加组。gpasswd 命令有两个常用的选项，即-a 和-d，它们分别用于添加用户和删除用户。

(1) gpasswd -a：-a 选项用于将用户添加到指定的组中。语法格式如下：

```
gpasswd -a username groupname
```

其中，username 是要添加到组的用户名，groupname 是目标组的名称。

例如，将用户 alice 添加到组 developers 中，命令如下：

```
gpasswd -a alice developers
```

添加完成后，alice 就成为了 developers 组的成员。

(2) gpasswd -d：-d 选项用于从指定组中删除用户。语法格式如下：

```
gpasswd -d username groupname
```

其中，username 是要从组中删除的用户名，groupname 是目标组的名称。

例如，将用户 bob 从组 developers 中删除，命令如下：

```
gpasswd -d bob developers
```

删除完成后，bob 将不再是 developers 组的成员。

3. 查看用户所属的用户组

在 Linux 系统下，有以下几个命令可以查看用户所属的组。

(1) id 命令。

id 命令用于查看用户所属的用户组，命令如下：

```
id username
```

这将显示用户 username 的详细信息，包括用户 ID(UID)、主要组 ID(GID)以及附加组 ID(groups)。

(2) groups 命令。

groups 命令用于列出指定用户所属的所有组(第一位显示的是主要用户组)。在终端输入以下命令：

```
groups username
```

其中，username 是要查看组成员资格的用户名。

(3) whoami 命令。

whoami 命令用于显示当前登录用户的用户名。由于用户通常属于与其用户名同名的主要组，因此可以通过此命令快速查看当前用户所属的主要组，在输出中，第四个字段是用户的主要组 ID(GID)，如图 5-5 所示。

(4) getent 命令。

getent 命令用于获取某个数据库中的条目，包括用户和组。要查看用户所属的主要组，可以使用以下命令：

```
getent passwd username
```

其中，username 是要查看信息的用户名。

```
[root@192 ~]# whoami
root
[root@192 ~]# getent passwd a002
a002:x:222:1002:ordinary user:/var/a002:/bin/bash
[root@192 ~]#
```

图 5-5 查看用户所属的用户组

注意，执行这些命令通常不需要管理员权限。如果需要查看其他用户的组成员资格，可能需要管理员权限(使用 sudo)。

4. 查看系统中存在的用户组

要查看系统中所有存在的用户组，可以查看"/etc/group"文件，该文件包含了所有组的信息。可以使用 cat 命令或者 less 命令来查看该文件，命令如下：

```
cat /etc/group
```

5.4 chown 命令的使用技巧

chown(Change Owner)命令用于更改文件或目录的所有者。在 Linux 和 Unix 系统中，文件和目录都有所有者(owner)和所属组(group)。只有文件的所有者或超级用户(root)才能使用 chown 命令进行更改。

chown 命令的基本语法格式如下：

```
chown [OPTIONS] OWNER[:GROUP] FILE...
```

其中，选项和参数的含义如下。

OPTIONS：可选参数，可以用于指定特定的选项，如递归修改文件夹的所有权等。常用的选项包括以下几个。

-R：递归地更改文件夹及其子文件夹中的所有者。

OWNER：新的所有者的用户名或用户 ID。

GROUP：可选参数，新的所属组的组名或组 ID。如果不指定 GROUP，则文件的所属组将保持不变。

FILE：要更改所有者的文件或目录的名称。可以指定一个或多个文件/目录，用空格分隔。

例如，将文件的所有者更改为 alice，命令如下：

```
chown alice file.txt
```

将目录及其子目录的所有者和所属组都更改为 john 和 developers，命令如下：

```
chown -R john:developers my_folder
```

注意，chown 命令是一个强大而敏感的命令，特别是当使用-R 选项递归修改文件夹及其子目录的所有权时。通常情况下，只有系统管理员或拥有相关文件的所有者才可以使用 chown 命令。

5.5 用户与组管理的综合实例测试

(1) 创建 3 个用户，即 q1、q2、q3。

(2) 打开 3 个不同的终端窗口，以这 3 个用户的身份登录。用户在自己的家目录内可以进行读、写、执行操作。如果用户 q2 想要进入 q1 的家目录，需如何设置？如果用户 q2 想要进入 q1 的家目录并在该目录中进行读操作，需要如何设置？如果用户 q2 想要进入 q1 的家目录并在该目录中进行写操作，又需要如何设置？

添加用户 q1、q2、q3 并为其设置密码，如图 5-6 所示。

```
[root@192 ~]# useradd q1
[root@192 ~]# passwd q1
Changing password for user q1.
New password:
BAD PASSWORD: The password is a palindrome
Retype new password:
passwd: all authentication tokens updated successfully.
[root@192 ~]# useradd q2
[root@192 ~]# passwd q2
Changing password for user q2.
New password:
BAD PASSWORD: The password is a palindrome
Retype new password:
passwd: all authentication tokens updated successfully.
[root@192 ~]# useradd q3
[root@192 ~]# passwd q3
Changing password for user q3.
New password:
BAD PASSWORD: The password is a palindrome
Retype new password:
passwd: all authentication tokens updated successfully.
[root@192 ~]# tail -3 /etc/passwd
q1:x:1002:1003::/home/q1:/bin/bash
q2:x:1003:1004::/home/q2:/bin/bash
q3:x:1004:1005::/home/q3:/bin/bash
[root@192 ~]#
```

图 5-6 添加用户并设置密码

切换成用户 q2 的身份，尝试进入 q1 的家目录"/home/q1"，结果无法进入，如图 5-7 所示。

```
[root@192 ~]# su - q2
[q2@192 ~]$ pwd
/home/q2
[q2@192 ~]$ cd /home/q1/
-bash: cd: /home/q1/: Permission denied
[q2@192 ~]$
```

图 5-7 进入其他用户家目录测试 1

以管理员 root 的身份执行命令“chmod o+x /home/q1”，再次测试就可以进入目录了，但此时不具有读权限，如图 5-8 所示。

```
[q2@192 ~]$ cd /home/q1/
[q2@192 q1]$ pwd
/home/q1
[q2@192 q1]$ ll
ls: cannot open directory '.': Permission denied
[q2@192 q1]$
```

图 5-8 进入其他用户家目录测试 2

以管理员 root 的身份执行命令“chmod o+r /home/q1”，再次测试就可以在目录"/home/q1"中进行读操作了，但不可以进行写操作。

以管理员 root 的身份执行命令“chmod o+w /home/q1”后，就可以在该目录中进行写操作了，如图 5-9 所示。

```
[q2@192 q1]$ touch aaa.txt
[q2@192 q1]$ ll
total 0
-rw-rw-r--. 1 q2 q2 0 Jul 23 19:40 aaa.txt
[q2@192 q1]$
```

图 5-9 进入其他用户家目录测试 3

(3) 将用户 q2 添加到 q3 组中，此时，如何设置可以使用户 q2 进入用户 q3 的家目录"/home/q3"？如何设置可以使用户 q2 在 q3 的家目录中进行读操作？如何设置可以使用户 q2 在 q3 的家目录中进行写操作？

以管理员 root 的身份执行命令“gpasswd -a q2 q3”，将用户 q2 添加到组 q3 中。运行命令“groups q2”查询用户 q2 属于哪些组。从图 5-10 中可以看出，用户 q2 属于组 q2 和组 q3，其中 q2 组是 q2 用户的主要用户组，q3 组是 q2 用户的附加组。

```
[root@192 ~]# gpasswd -a q2 q3
Adding user q2 to group q3
[root@192 ~]# groups q2
q2 : q2 q3
```

图 5-10 用户和组的测试

以用户 q2 的身份尝试进入用户 q3 的家目录"/home/q3"，在该目录中分别进行读操作与写操作，均无法实现。解决方法：以管理员 root 身份执行以下命令，开启进入、读、写

的操作权限：

```
chmod g+x /home/q3
chmod g+r /home/q3
chmod g+w /home/q3
```

课 后 作 业

5-1 简述添加用户 xyz 后，Linux 系统底层的 4 个连锁反应。

5-2 简述账户信息文件"/etc/passwd"中 7 个字段的含义。

5-3 简述组信息文件"/etc/group"中 4 个字段的含义。

5-4 如何彻底删除一个用户？删除用户后对应的 4 个连锁反应是什么？

5-5 如何修改一个具有"/sbin/nologin"这种 Shell 的用户，使其又能重新本地登录 Linux 系统(使用两种方法)。

5-6 如何使用 gpasswd 命令将一个用户添加到一个组中？如何使用 gpasswd 命令将一个用户从一个组中删除？举例说明。

5-7 如何修改一个用户的 primary group？举例说明。

5-8 如何修改一个用户的 supplementary groups？举例说明(使用两种方法)。

5-9 如何修改一个对象的所有者与所属组？举例说明。

5-10 创建两个用户 aaa1 和 aaa2，要求用户 aaa1 可以登录到用户 aaa2 的家目录中且具有任何权限。

第 6 章

特殊权限管理

本章知识点结构图

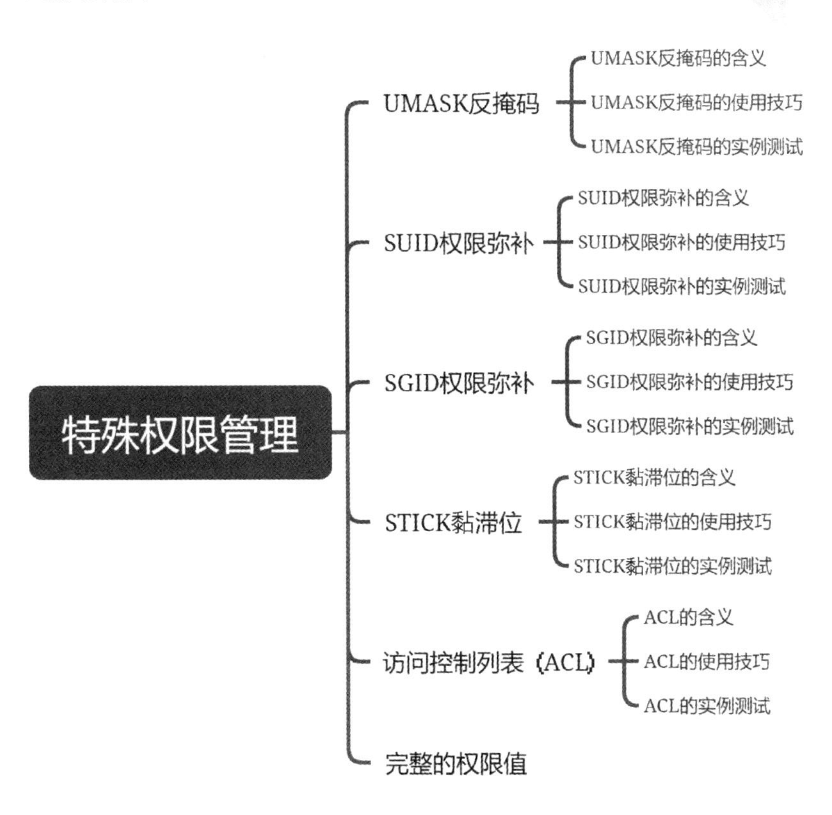

本章主要讲解 Linux 系统中权限与访问控制的相关知识，包括 UMASK 反掩码技术、SUID 与 SGID 权限弥补技术、STICK 黏滞位、ACL 访问控制列表以及完整权限值等内容。

通过对本章内容的学习，读者将掌握在 Linux 系统中如何有效地管理文件和目录的权限，保护系统的安全运行。

6.1 UMASK 反掩码

6.1.1 UMASK 反掩码的含义

在 Linux 系统中，UMASK(User Mask or User File Creation Mask)是一个重要的概念，它用于控制新创建文件或目录的默认权限。UMASK 值是一个权限掩码，它与文件和目录权限中的默认权限进行“反掩码”操作，以确定新文件或目录的最终权限。

UMASK 值从默认的权限中去除不必要的权限，以确保文件和目录的默认权限不会被赋予不必要的权限，从而提高系统的安全性。

根据 UMASK 的规则，目录的默认权限值可以用以下公式计算，即

目录的默认权限值 = 777 − UMASK 反掩码

文件的默认权限值可以用以下公式计算，即

文件的默认权限值 = 777 − UMASK 反掩码 −111

6.1.2 UMASK 反掩码的使用技巧

1. 查看 UMASK 反掩码

(1) 查看 root 用户的 UMASK 反掩码。

在 Linux 系统中，root 用户的 UMASK 值通常位于"/etc/profile"或"/root/.bashrc"文件中。可以使用任何文本编辑器(如 vi 或 nano)打开该文件，然后找到 UMASK 的设置行。通常，UMASK 会以 3 位八进制数的形式表示。例如，UMASK 值为 0022 的行：

```
umask 0022
```

(2) 查看普通用户的 UMASK 反掩码。

对于普通用户，UMASK 值通常位于用户的配置文件(如~/.bashrc、~/.bash_profile、~/.profile 等)中。同样，可以使用任何文本编辑器打开相应的用户配置文件，然后找到 UMASK 的设置行。

2. 修改 UMASK 反掩码

要修改 UMASK 反掩码，可以使用 umask 命令。在命令行中直接输入 umask 命令，并在后面跟新的 UMASK 值即可。

(1) 修改当前会话的 UMASK 值，语法格式如下：

```
umask 新 UMASK 值
```

(2) 修改永久性的 UMASK 值。

对于普通用户，可以将新的 UMASK 值添加到用户的配置文件中，如"~/.bashrc"、"~/.bash_profile"、"~/.profile"等，这样每次用户登录时，UMASK 值都会自动设置为新值。对于 root 用户，可以修改"/etc/profile"文件，以使其在系统启动时生效。

例如，要将 UMASK 值设置为 0022，可以执行以下命令：

```
umask 0022
```

注意，UMASK 值是一个八进制数，因此可以使用八进制表示法来设置 UMASK 值。

6.1.3 UMASK 反掩码的实例测试

通过创建目录和文件测试 root 用户的 UMASK 反掩码，再将反掩码设置为 0011，然后进行相同的测试。

在图 6-1 中，以 root 身份执行 umask 命令，可以看到当前的 UMASK 反掩码值为 0022，执行“mkdir my1”和“touch my2.txt”命令分别创建了目录 my1 和文件 my2.txt，查看其权限，效果如图 6-1 所示。

```
[root@192 ~]# umask
0022
[root@192 ~]# mkdir my1
[root@192 ~]# touch my2.txt
[root@192 ~]# ll
total 8
-rw-------. 1 root root 2651 Jul 13 15:24 anaconda-ks.cfg
drwxr-xr-x. 2 root root    6 Jul 13 15:26 Desktop
drwxr-xr-x. 2 root root    6 Jul 13 15:26 Documents
drwxr-xr-x. 2 root root    6 Jul 13 15:26 Downloads
drwxr-xr-x. 2 root root    6 Jul 13 15:26 Music
drwxr-xr-x. 2 root root    6 Jul 24 02:12 my1
-rw-r--r--. 1 root root    0 Jul 24 02:12 my2.txt
-rw-------. 1 root root 2064 Jul 13 15:24 original-ks.cfg
drwxr-xr-x. 2 root root    6 Jul 13 15:26 Pictures
drwxr-xr-x. 2 root root    6 Jul 13 15:26 Public
drwxr-xr-x. 2 root root    6 Jul 13 15:26 Templates
drwxr-xr-x. 2 root root    6 Jul 13 15:26 Videos
[root@192 ~]# 
```

图 6-1 root 用户 UMASK 反掩码测试 1

从图 6-1 中可以看出，创建的目录 my1 权限为 755(777−022)；文件 my2.txt 的权限为 644(777−022−111)。

执行命令“umask 0011”，将反掩码的值设置为 0011，再次创建目录 my3 和文件 my4.txt，其权限如图 6-2 所示。

```
[root@192 ~]# umask 0011
[root@192 ~]# umask
0011
[root@192 ~]# mkdir my3
[root@192 ~]# touch my4.txt
[root@192 ~]# ll | grep my*
grep: my3: Is a directory
[root@192 ~]# ls -l | grep my
drwxr-xr-x. 2 root root    6 Jul 24 02:12 my1
-rw-r--r--. 1 root root    0 Jul 24 02:12 my2.txt
drwxrw-rw-. 2 root root    6 Jul 24 02:56 my3
-rw-rw-rw-. 1 root root    0 Jul 24 02:57 my4.txt
[root@192 ~]# 
```

图 6-2　root 用户 UMASK 反掩码测试 2

从图 6-2 中可以看出，创建的目录 my3 权限为 766(777−011)；而文件 my4.txt 的权限是 666(注意：这里不是 655=777−011−111)；因为在推导文件的默认权限时采用的不是单纯地减 111，而是在目录权限的基础上，采取“有 x 则减，无 x 则不变”的原则，所以最终推导出的文件 my4.txt 的权限是 666。

创建普通用户 b001 并查看其反掩码，如图 6-3 所示，可以看到，新创建的用户为 b001，其反掩码 UMASK 为 0002。

```
[root@192 ~]# useradd b001
[root@192 ~]# passwd b001
Changing password for user b001.
New password:
BAD PASSWORD: The password is a palindrome
Retype new password:
passwd: all authentication tokens updated successfully.
[root@192 ~]# su - b001
[b001@192 ~]$ umask
0002
[b001@192 ~]$ 
```

图 6-3　普通用户 UMASK 反掩码测试

6.2　SUID 权限弥补

6.2.1　SUID 权限弥补的含义

在 Linux 系统中，SUID(Set User ID)是一种特殊的权限标志，用于可执行文件(二进制程序或脚本)。当 SUID 权限被设置在一个可执行文件上时，执行该文件的用户将临时获得该文件所有者的权限，而不是执行用户自己的权限。这意味着，当普通用户执行具有SUID 权限的可执行文件时，该文件将以文件所有者的权限来执行。

SUID 权限的含义是为了在某些特定情况下提供额外的权限，从而允许普通用户执行一些需要超过其正常权限的任务，通常这些任务只能由超级用户(root)执行。但是，SUID权限也带来了潜在的安全风险，因此必须谨慎使用。

SUID 权限弥补(主要针对文件)时，所有者执行位变成了 s 或 S。

6.2.2 SUID 权限弥补的使用技巧

1. 设置 SUID 权限

要设置 SUID 权限，可以使用 chmod 命令，并在权限位中加上数字 4，表示设置 SUID位。例如，将"/usr/bin/example"文件设置为具有 SUID 权限，可以执行以下命令：

```
chmod u+s /usr/bin/example
```

2. 查看 SUID 权限

要查看文件是否具有 SUID 权限，可以使用 ls 命令，加上"-l"选项，该选项会显示文件的详细权限信息，包括 SUID 位。例如，执行以下命令来查看"/usr/bin/example"文件的权限：

```
ls -l /usr/bin/example
```

输出类似于：

```
-rwsr-xr-x 1 root root 123456 Jul 24 10:00 /usr/bin/example
```

可以看到，在文件的 9 位权限位中从左边数的第 3 位是一个 s，这就是 SUID。

一个常见的使用 SUID 权限的例子是 passwd 命令。该命令用于更改用户密码，但是要修改"/etc/shadow"文件需要具有超级用户权限。为了允许普通用户更改自己的密码，但不需要暴露 passwd 命令的所有权给普通用户，passwd 命令被设置为具有 SUID 权限。当普通用户执行 passwd 命令时，它将以超级用户的权限运行，允许用户更改自己的密码，但不能执行其他超级用户操作。

6.2.3 SUID 权限弥补的实例测试

下面以 passwd 命令为例，测试 SUID 权限弥补的作用。

(1) 查看 passwd 命令所执行的底层脚本文件，具有高级权限 SUID。

在图 6-4 中，使用命令“ll /usr/bin/passwd”查看 passwd 命令所执行的底层脚本文件，发现其具有 SUID 属性。

```
[root@192 ~]# ll /usr/bin/passwd
-rwsr-xr-x. 1 root root 34512 Aug 12  2018 /usr/bin/passwd
[root@192 ~]#
```

图 6-4　SUID 属性测试

(2)　创建普通用户并切换用户测试命令 passwd。

创建普通用户 b002 并切换到该用户身份，执行 passwd 命令修改密码(注意：普通用户设置密码，必须包含大小写字母和数字，长度须在 8 位以上)，修改密码成功后如图 6-5 所示。

```
[root@192 ~]# useradd b002
[root@192 ~]# passwd b002
Changing password for user b002.
New password:
BAD PASSWORD: The password is a palindrome
Retype new password:
passwd: all authentication tokens updated successfully.
[root@192 ~]# su - b002
[b002@192 ~]$ passwd
Changing password for user b002.
Current password:
New password:
Retype new password:
passwd: all authentication tokens updated successfully.
[b002@192 ~]$
```

图 6-5　普通用户 passwd 命令测试 1

(3)　返回 root 用户，将 passwd 命令 SUID 高级权限去除，效果如图 6-6 所示。

```
[root@192 ~]# chmod u-s /usr/bin/passwd
[root@192 ~]# ll /usr/bin/passwd
-rwxr-xr-x. 1 root root 34512 Aug 12  2018 /usr/bin/passwd
```

图 6-6　去掉 passwd 命令 SUID 高级权限效果

(4)　再次切换为普通用户 b002，测试命令 passwd。

从图 6-7 中可以看出，以普通用户 b002 的身份执行 passwd 命令修改密码，即使操作全部正确，也无法成功修改密码。

```
[b002@192 ~]$ passwd
Changing password for user b002.
Current password:
New password:
Retype new password:
passwd: Authentication token manipulation error
[b002@192 ~]$
```

图 6-7　普通用户 passwd 命令测试 2

如果想让普通用户 b002 执行 passwd 命令成功修改密码，需要以管理员 root 身份将"/usr/bin/passwd"文件重新设置为具有 SUID 权限。

(5) s 与 S 的区别。

SUID 如果显示为 s，表示该执行位原先具有 x 权限；如果显示为 S，则表示该执行位原先不具有 x 权限，如图 6-8 所示。

```
[root@192 ~]# chmod u+s /usr/bin/passwd
[root@192 ~]# ll /usr/bin/passwd
-rwsr-xr-x. 1 root root 34512 Aug 12  2018 /usr/bin/passwd
[root@192 ~]# chmod u-x /usr/bin/passwd
[root@192 ~]# ll /usr/bin/passwd
-rwSr-xr-x. 1 root root 34512 Aug 12  2018 /usr/bin/passwd
[root@192 ~]# 
```

图 6-8 s 与 S 的区别

注意

无论 SUID 表现为 s 还是 S，都具备权限弥补的作用。

需要强调的是，使用 SUID 权限要十分谨慎，确保只有需要额外权限的可执行文件才设置 SUID 权限，并且文件本身必须是安全的，以防止滥用。滥用 SUID 权限可能导致系统安全漏洞和权限提升攻击。因此，建议仅对必要的可执行文件使用 SUID 权限，并且确保这些文件的代码已经经过充分审查和测试。

6.3 SGID 权限弥补

6.3.1 SGID 权限弥补的含义

在 Linux 系统中，SGID(Set Group ID)权限是针对目录的一种特殊权限设置，用于弥补在共享目录中的权限问题。当一个目录被设置了 SGID 权限后，它内部所有的新创建的文件和子目录都会继承该目录的组所有权，而不是继承创建者的组所有权。这种权限机制对于共享目录非常有用，可以确保多个用户在同一组内工作时，新创建的文件和目录默认都归属于相同的组，从而实现文件共享的目的。SGID 权限弥补一般应用在目录上，表现形式为其组内成员的执行位变成了 s 或 S。

6.3.2 SGID 权限弥补的使用技巧

1. 设置 SGID 权限

要设置 SGID 权限，需要使用 chmod 命令，如图 6-9 所示，执行“chmod g+s /c001”命令将目录"/c001"设置成 SGID 类型的目录，这将确保在该目录中新创建的文件和子目录继承该目录的组所有权，即 root 组。

2. 查看 SGID 权限

要确认 SGID 权限是否已正确设置，可以使用“ls –l” (或者 ll)命令查看目录的权限列表。在 SGID 权限被正确设置的目录中，执行 ls -l 命令时，权限列表中的组权限部分的执行位会显示 s 或 S 标志，表示 SGID 权限已启用，如图 6-9 所示。

```
[root@192 ~]# mkdir /c001
[root@192 ~]# chmod g+s /c001/
[root@192 ~]# ll / | grep c001
drwxr-sr-x.   2 root root    6 Jul 24 18:17 c001
[root@192 ~]# 
```

图 6-9　SGID 权限弥补

6.3.3　SGID 权限弥补的实例测试

创建目录"/c002"和组 ccc，将目录"/c002"设置为 SGID 类型的目录，以 root 身份进入目录"/c002"中创建目录和文件，观察组属性。

在图 6-10 中，使用“groupadd ccc”命令创建了组 ccc，使用“mkdir /c002”命令创建了目录"/c002"，在没有设置目录"/c002"为 SGID 类型目录时，以 root 身份在该目录下新建文件或子目录，其属性组仍然为当前用户的主要组。而将目录"/c002"设置成 SGID 类型目录后，再次以 root 身份在该目录中新建目录或文件，其属性组继承"/c002"目录的属性组，自动设置为组 ccc。

```
[root@192 ~]# groupadd ccc
[root@192 ~]# mkdir /c002
[root@192 ~]# mkdir /c002/root1
[root@192 ~]# touch /c002/root2.txt
[root@192 ~]# chmod g+s /c002
[root@192 ~]# ll / | grep c002
drwxr-sr-x.   3 root root   36 Jul 24 18:30 c002
[root@192 ~]# mkdir /c002/root3
[root@192 ~]# touch /c002/root4.txt
[root@192 ~]# ll /c002/
total 0
drwxr-xr-x. 2 root root 6 Jul 24 18:30 root1
-rw-r--r--. 1 root root 0 Jul 24 18:30 root2.txt
drwxr-sr-x. 2 root root 6 Jul 24 18:31 root3
-rw-r--r--. 1 root root 0 Jul 24 18:31 root4.txt
[root@192 ~]# chown :ccc /c002/
[root@192 ~]# mkdir /c002/root5
[root@192 ~]# touch /c002/root6.txt
[root@192 ~]# ll /c002/
total 0
drwxr-xr-x. 2 root root 6 Jul 24 18:30 root1
-rw-r--r--. 1 root root 0 Jul 24 18:30 root2.txt
drwxr-sr-x. 2 root root 6 Jul 24 18:31 root3
-rw-r--r--. 1 root root 0 Jul 24 18:31 root4.txt
drwxr-sr-x. 2 root ccc  6 Jul 24 18:32 root5
-rw-r--r--. 1 root ccc  0 Jul 24 18:32 root6.txt
[root@192 ~]# 
```

图 6-10　SGID 权限弥补实例测试

6.4 STICK 黏滞位

6.4.1 STICK 黏滞位的含义

在 Linux 系统中，STICK 黏滞位是一种特殊权限位，用于确保只有文件所有者或超级用户才能够删除或移动某个目录下的文件。通常，STICK 位被用于公共目录，如临时目录，以防止其他用户误删除其他人的文件。

当一个目录被设置了 STICK 位后，只有文件的所有者或者超级用户(root)才有权限删除或移动任何文件；其他普通用户无法删除或移动不属于自己的文件，即使对该目录具有写权限也不行。

6.4.2 STICK 黏滞位的使用技巧

1. 设置 STICK 黏滞位

要设置 STICK 黏滞位，需要使用 chmod 命令，如图 6-11 所示，执行“chmod o+t /c003”命令将目录"/c003"设置成 STICK 黏滞位类型的目录。

```
[root@192 ~]# mkdir /c003
[root@192 ~]# chmod 777 /c003
[root@192 ~]# chmod o+t /c003
[root@192 ~]# ll / | grep c003
drwxrwxrwt.   2 root root    6 Jul 24 19:32 c003
[root@192 ~]#
```

图 6-11 STICK 黏滞位

2. 查看 STICK 黏滞位

要确认 STICK 黏滞位是否已正确设置，可以使用“ls –l”(或者 ll)命令查看目录的权限列表。在 STICK 黏滞位被正确设置的目录中，执行“ls –l”命令时，权限列表中的 other 位的执行权限会显示 t 标志，表示 STICK 黏滞位已启用。

注意，STICK 黏滞位仅对目录有效，对文件没有影响。在实际应用中，STICK 黏滞位通常用于设置在公共临时目录(如"/tmp")上，以确保任何用户都只能删除或移动自己创建的文件，而不能删除其他用户的文件，从而保护用户的数据安全。

6.4.3 STICK 黏滞位的实例测试

创建共享目录"/share"，并将其权限设置为 777。新建用户 zhangsan 和 lisi，以 zhangsan 身份在共享目录"/share"中新建文件 zhangsan1.txt 与 zhangsan2.txt；以 root 身份将"/share"目

录中的所有内容权限也都设置为 777，如图 6-12 所示。

```
[root@192 ~]# mkdir /share
[root@192 ~]# chmod 777 /share
[root@192 ~]# useradd zhangsan
useradd: user 'zhangsan' already exists
[root@192 ~]# passwd zhangsan
Changing password for user zhangsan.
New password:
BAD PASSWORD: The password is a palindrome
Retype new password:
passwd: all authentication tokens updated successfully.
[root@192 ~]# useradd lisi
[root@192 ~]# passwd lisi
Changing password for user lisi.
New password:
BAD PASSWORD: The password is a palindrome
Retype new password:
passwd: all authentication tokens updated successfully.
[root@192 ~]# su - zhangsan
[zhangsan@192 ~]$ touch /share/zhangsan1.txt
[zhangsan@192 ~]$ touch /share/zhangsan2.txt
[zhangsan@192 ~]$ exit
logout
[root@192 ~]# chmod -R 777 /share
[root@192 ~]# ll /share/
total 0
-rwxrwxrwx. 1 zhangsan zhangsan 0 Jul 24 19:41 zhangsan1.txt
-rwxrwxrwx. 1 zhangsan zhangsan 0 Jul 24 19:41 zhangsan2.txt
[root@192 ~]#
```

图 6-12　STICK 黏滞位的实例测试 1

切换到 lisi 用户的身份，删除共享目录"/share"中 zhangsan 用户创建的文件 zhangsan1.txt，如图 6-13 所示。

```
[root@192 ~]# su - lisi
[lisi@192 ~]$ rm -f /share/zhangsan1.txt
[lisi@192 ~]$ ll /share
total 0
-rwxrwxrwx. 1 zhangsan zhangsan 0 Jul 24 19:41 zhangsan2.txt
[lisi@192 ~]$
```

图 6-13　STICK 黏滞位的实例测试 2

返回到管理员 root 身份，执行命令“chmod o+t /share”，将目录"/share"设置成 STICK 黏滞位类型的目录，如图 6-14 所示。

```
[lisi@192 ~]$ exit
logout
[root@192 ~]# chmod o+t /share/
[root@192 ~]# ll / | grep share
drwxrwxrwt.   2 root root   27 Jul 24 19:44 share
[root@192 ~]#
```

图 6-14　STICK 黏滞位的实例测试 3

再次切换到 lisi 用户的身份，尝试删除共享目录"/share"中的文件，发现无法删除；而切换到该文件所有者 zhangsan 的身份进行删除，没有问题，如图 6-15 所示。

```
[root@192 ~]# su - lisi
Last login: Mon Jul 24 19:44:31 PDT 2023 on pts/1
[lisi@192 ~]$ rm -f /share/zhangsan2.txt
rm: cannot remove '/share/zhangsan2.txt': Operation not permitted
[lisi@192 ~]$ su - zhangsan
Password:
Last login: Mon Jul 24 19:40:53 PDT 2023 on pts/1
[zhangsan@192 ~]$ rm -f /share/zhangsan2.txt
[zhangsan@192 ~]$
```

图 6-15 STICK 黏滞位的实例测试 4

6.5 访问控制列表(ACL)

6.5.1 ACL 的含义

在 Linux 系统中，ACL(Access Control List，访问控制列表)是一种更为灵活和精细的权限管理机制，允许系统管理员为文件和目录设置更加细致的权限规则，超越了传统的基于用户和组的权限管理方式。

通过 ACL，管理员可以精确地指定特定用户或组对特定文件或目录具有的权限，从而实现更灵活、细粒度的权限控制。但也应当注意，过度复杂的权限设置可能会增加管理的复杂性，因此在配置 ACL 时需要谨慎并遵循最佳规则。

6.5.2 ACL 的使用技巧

在 Linux 系统中，常用的 ACL 命令是 setfacl 和 getfacl。这些命令用于设置和获取 ACL 规则。

1. 检查文件或目录的 ACL 规则

使用 getfacl 命令可以查看文件或目录的 ACL 规则。例如，要查看名为“example_file”文件的 ACL 规则，可以执行以下命令：

```
getfacl example_file
```

2. 设置 ACL 规则

使用 setfacl 命令可以设置文件或目录的 ACL 规则。有两种方法可以设置 ACL 规则，即使用绝对模式和使用相对模式。

(1) 使用绝对模式。在绝对模式下，可以直接指定每个用户或组的权限。下面是设置

ACL 规则的基本语法格式：

```
setfacl -m u:user1:rwx,g:group1:rw,o::- file_or_directory
```

其中，"-m"表示添加 ACL 规则；"u:user1:rwx"表示为 user1 添加读、写、执行权限；"g:group1:rw"表示为 group1 添加读、写权限；"o::-"表示移除其他用户的所有权限(保持默认)。

(2) 使用相对模式。在相对模式下，可以增加或删除用户或组的权限，而不是完全覆盖所有规则。下面是相对模式的基本语法格式：

```
setfacl -m u:user1:rw file_or_directory
setfacl -x user1 file_or_directory
```

第一行添加了 user1 的读写权限；第二行移除了 user1 的所有 ACL 规则。

3. 默认 ACL 规则

除了文件或目录本身的 ACL 规则外，还可以设置默认 ACL 规则，这些规则会应用于新创建的子文件和子目录。要设置默认 ACL 规则，可以使用"-d"选项：

```
setfacl -m d:u:user1:rwx,d:g:group1:rw,d:o::- directory
```

注意，为了使用 ACL 功能，文件系统必须在挂载时启用 ACL 支持。一般情况下，常见的 Linux 文件系统(如 ext4)都支持 ACL。要检查文件系统是否启用了 ACL 支持，可以使用 mount 命令，查找 acl 选项。例如：

```
mount | grep acl
```

6.5.3 ACL 的实例测试

创建文件"/123.txt"，内容随意，查看该文件的 ACL 属性；修改文件"/123.txt"的 ACL 属性，让 lisi 用户具有读与写的权限；分别以 zhangsan 和 lisi 用户的身份进行测试，尝试修改文件"/123.txt"的内容；以管理员 root 身份删除文件"/123.txt"的 ACL 属性；彻底删除文件"/123.txt"的 ACL 属性；创建目录"/456"，设置该目录的 ACL 属性，lisi 用户对该目录具有读、写、执行的权限；测试在该目录中新建目录与文件，观察其 ACL 属性信息；测试当移动或复制一个具有 ACL 属性的文件或目录时，其 ACL 属性是否会同步生效。

(1) 创建文件"/123.txt"，内容随意，查看该文件的 ACL 属性。

使用命令"vim /123.txt"创建文件"123.txt"，随机输入一些内容。使用命令“getfacl/123.txt”查看该文件的 ACL 属性，发现该文件并未设置过 ACL，如图 6-16 所示。

(2) 修改文件"/123.txt"的 ACL 属性，让 lisi 用户具有读与写的权限。

执行“setfacl -m u:lisi:rw- /123.txt”命令，为文件"/123.txt"设置 ACL 属性，让 lisi 用户具有读与写的权限。设置完 ACL 属性的文件"/123.txt"后，再使用“ls –l”命令查看时，会在其 9 位权限后发现一个“+”号，表示该文件设置过 ACL 属性信息，如图 6-17 所示，但具体的 ACL 属性信息，只能通过 getfacl 命令查看到。

```
[root@192 ~]# vim /123.txt
[root@192 ~]# getfacl /123.txt
getfacl: Removing leading '/' from absolute path names
# file: 123.txt
# owner: root
# group: root
user::rw-
group::r--
other::r--

[root@192 ~]# ll / | grep 123.txt
-rw-r--r--.  1 root root   38 Jul 25 14:31 123.txt
[root@192 ~]#
```

图 6-16 文件的 ACL 属性实例测试 1

```
[root@192 ~]# setfacl -m u:lisi:rw- /123.txt
[root@192 ~]# ll / | grep 123.txt
-rw-rw-r--+  1 root root   38 Jul 25 14:31 123.txt
[root@192 ~]# getfacl /123.txt
getfacl: Removing leading '/' from absolute path names
# file: 123.txt
# owner: root
# group: root
user::rw-
user:lisi:rw-
group::r--
mask::rw-
other::r--

[root@192 ~]#
```

图 6-17 文件的 ACL 属性实例测试 2

(3) 分别以 zhangsan 和 lisi 用户的身份进行测试，尝试修改文件"/123.txt"的内容。

从图 6-18 中可以看出，以 zhangsan 用户身份尝试修改文件"/123.txt"的内容，无权修改；而以 lisi 用户身份修改，是可以的。

```
[root@192 ~]# su - zhangsan
Last login: Tue Jul 25 14:41:15 PDT 2023 on pts/0
[zhangsan@192 ~]$ echo "4444444" >> /123.txt
-bash: /123.txt: Permission denied
[zhangsan@192 ~]$ exit
logout
[root@192 ~]# su - lisi
Last login: Tue Jul 25 14:41:44 PDT 2023 on pts/0
[lisi@192 ~]$ echo "4444444" >> /123.txt
[lisi@192 ~]$ cat /123.txt
1111111111
22222222222
33333333333333
4444444
[lisi@192 ~]$
```

图 6-18 文件的 ACL 属性实例测试 3

(4) 以管理员 root 身份删除文件"/123.txt"的 ACL 属性。

删除文件"/123.txt"的 ACL 属性的命令是“setfacl -x u:lisi /123.txt”，从图 6-19 中可以看到，虽然已经删除了文件"/123.txt"的全部 ACL 属性信息，但使用命令“ls -l”查看时，还可以看到“+”号，所以命令“setfacl -x u:lisi /123.txt”是一种不彻底的 ACL 属性的删除方法。

```
[root@192 ~]# setfacl -x u:lisi /123.txt
[root@192 ~]# ll / | grep 123.txt
-rw-r--r--+   1 root root   46 Jul 25 14:42 123.txt
[root@192 ~]# getfacl /123.txt
getfacl: Removing leading '/' from absolute path names
# file: 123.txt
# owner: root
# group: root
user::rw-
group::r--
mask::r--
other::r--

[root@192 ~]# 
```

图 6-19 文件的 ACL 属性实例测试 4

要想彻底删除一个对象的 ACL 属性值，可以使用“chacl -B /123.txt”命令，该命令会将文件"/123.txt"所有的 ACL 属性信息连同“+”号一起删除，如图 6-20 所示。

```
[root@192 ~]# chacl -B /123.txt
[root@192 ~]# getfacl /123.txt
getfacl: Removing leading '/' from absolute path names
# file: 123.txt
# owner: root
# group: root
user::rw-
group::r--
other::r--

[root@192 ~]# ll / | grep 123.txt
-rw-r--r--.   1 root root   46 Jul 25 14:42 123.txt
[root@192 ~]# 
```

图 6-20 文件的 ACL 属性实例测试 5

(5) 设置目录的 ACL 属性信息。

创建目录"/456"，执行命令“setfacl -m d:u:lisi:rwx /456”为目录"/456"设置 ACL 属性信息，即 lisi 用户对该目录具有读、写、执行的权限。执行“getfacl /456”命令查看目录的 ACL 属性信息，如图 6-21 所示。

进入目录"/456"，创建子目录和文件，发现在该目录中新建的目录和文件会继承 ACL 属性信息，如图 6-22 所示。

```
[root@192 ~]# mkdir /456
[root@192 ~]# setfacl -m d:u:lisi:rwx /456
[root@192 ~]# ll / | grep 456
drwxr-xr-x+   2 root root    6 Jul 25 14:54 456
[root@192 ~]# getfacl /456/
getfacl: Removing leading '/' from absolute path names
# file: 456/
# owner: root
# group: root
user::rwx
group::r-x
other::r-x
default:user::rwx
default:user:lisi:rwx
default:group::r-x
default:mask::rwx
default:other::r-x
```

图 6-21　目录的 ACL 属性实例测试 1

```
[root@192 ~]# cd /456/
[root@192 456]# touch aaa.txt
[root@192 456]# mkdir bbb
[root@192 456]# ll
total 0
-rw-rw-r--+ 1 root root 0 Jul 25 14:58 aaa.txt
drwxrwxr-x+ 2 root root 6 Jul 25 14:58 bbb
[root@192 456]#
```

图 6-22　目录的 ACL 属性实例测试 2

(6) 移动或复制一个具有 ACL 属性的文件或目录时，测试其 ACL 属性。

使用 cp 命令复制一个目录时，默认其 ACL 属性是不会被复制的，如图 6-23 所示。如果想要使复制的对象在复制时保留其 ACL 属性信息，需要在 cp 命令后添加参数“-p”，如图 6-23 所示。

```
[root@192 456]# pwd
/456
[root@192 456]# ll
total 0
-rw-rw-r--+ 1 root root 0 Jul 25 14:58 aaa.txt
drwxrwxr-x+ 2 root root 6 Jul 25 14:58 bbb
[root@192 456]# cp -r bbb /tmp/
[root@192 456]# cp -rp bbb /tmp/bbb1
[root@192 456]# ll /tmp/ | grep bbb
drwxr-xr-x. 2 root root  6 Jul 25 15:02 bbb
drwxrwxr-x+ 2 root root  6 Jul 25 14:58 bbb1
[root@192 456]#
```

图 6-23　目录的 ACL 属性实例测试 3

移动一个目录时，该目录的 ACL 属性值会随之移动，如图 6-24 所示。

```
[root@192 456]# mv /tmp/bbb1 /
[root@192 456]# ll / | grep bbb
drwxrwxr-x+   2 root root    6 Jul 25 14:58 bbb1
[root@192 456]# 
```

图 6-24 目录的 ACL 属性实例测试 4

6.6 完整的权限值

在 Linux 系统中，完整的满权限值是 7777。

前面的内容介绍过，每个文件和目录都有一个 9 位的权限位控制其访问权限。这 9 位权限位被分成 3 组，每组有 3 位，分别表示文件所有者权限、群组权限和其他用户权限。这 9 位权限如果都有，可以写成“777”。这 3 个“7”分别对应文件所有者、群组和其他用户的读、写和执行权限。

而 7777 中最左边的一个 7 表示 SUID、SGID 和黏滞位。

因此，如果要同时设置 SUID、SGID 和黏滞位，可以使用数字表示或符号表示。

① 使用数字表示：chmod 7777 111.txt。

② 使用符号表示：chmod u+s,g+s,o+t 111.txt。

如果只设置 SUID 与 SGID，则命令为：

```
chmod 6777 111.txt
```

如果只设置 SUID 与 STICK，则命令为：

```
chmod 5777 111.txt
```

如果只设置 SGID 与 STICK，则命令为：

```
chmod 3777 111.txt
```

如果只设置黏滞位，则命令为：

```
chmod 1777 111.txt
```

如果 SUID、SGID 与黏滞位都不设置，则命令为：

```
chmod 0777 111.txt
```

即

```
chmod 777 111.txt
```

课后作业

6-1 简述 UMASK 反掩码的作用。

6-2 查看及修改 UMASK 反掩码的命令是什么？举例说明。

6-3 SUID 权限弥补的表现形式及作用分别是什么？

6-4 SUID 权限弥补的 s 与 S 的区别是什么？

6-5 写出去掉文件"/usr/bin/passwd"的 SUID 权限的命令以及给文件"/usr/bin/passwd"添加 SUID 权限的命令。

6-6 SGID 权限弥补的表现形式及作用分别是什么？

6-7 STICK 黏滞位的表现形式及作用分别是什么？

6-8 写出在根目录下建立自己学号的子目录，并将其设置为 STICK 黏滞位目录的命令。

6-9 写出查看文件"/tmp/aaa.txt"的 ACL 属性的命令；写出为文件"/tmp/aaa.txt"设置 ACL 属性的命令(如为 zhangsan 用户设置 ACL，使其具有读、写、执行的权限)；写出删除文件"/tmp/aaa.txt"的 ACL 属性的命令(如删除 zhangsan 用户对该文件具有的读、写、执行权限的 ACL 信息)。

6-10 叙述命令“chmod 7777 111.txt”的作用。

第7章 软件包的安装与使用

本章知识点结构图

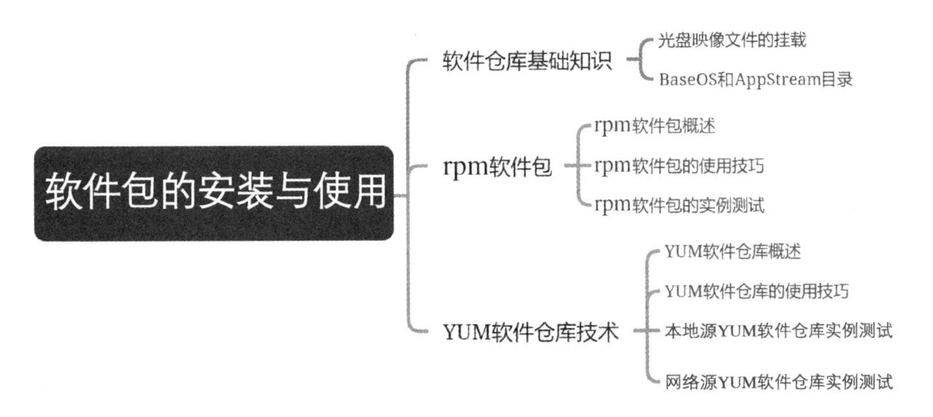

本章主要介绍软件仓库基础知识、rpm 软件包，YUM 软件仓库技术及其实际应用等内容，为有效管理和使用软件包提供了有力的支持。

通过对本章内容的学习，将帮助读者理解软件仓库的基本概念和操作技巧，进一步掌握 YUM 软件仓库的使用，提高在 Linux 系统上进行软件管理的能力。

7.1 软件仓库基础知识

7.1.1 光盘映像文件的挂载

在 VMware 虚拟化环境中，可以挂载 Linux 系统光盘映像文件，以便将其作为虚拟机的光盘驱动器，从而安装操作系统或执行其他光盘相关操作。

下面是在 VMware 中挂载 Linux 系统光盘映像文件的步骤。

(1) 在 VMware 界面的虚拟机编辑器中，选择“虚拟机”并进入“编辑虚拟机设置”菜单。在“虚拟机设置”窗口中，选择 CD/DVD 选项。在右侧的“连接”选项组中，选中“使用 ISO 映像文件”单选按钮。单击“浏览”按钮，找到之前下载的 Linux 系统光盘映像文件，选择它并单击“打开”按钮。确保在“连接”选项组下方选择了正确的设备连接类型，同时选中上方的“已连接”复选框，如图 7-1 所示。

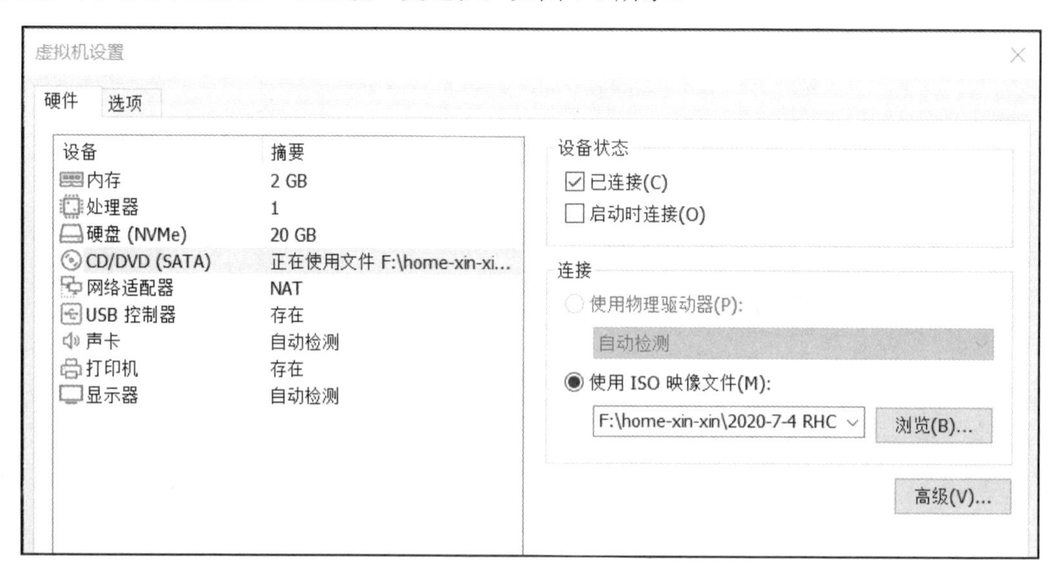

图 7-1　光盘映像文件的挂载界面

(2) 单击“确定”按钮保存更改，并退出虚拟机设置。

此时，打开 Linux 的终端窗口，执行“df -Th”命令查看设备关联情况，从图 7-2 中可以看出，Linux 的系统光盘已经挂载到了目录“/run/media/root/RHEL-8-0-0-BaseOS-x86_64/”，直接进入该目录就可以看到 Linux 系统光盘的内容了。

```
[root@192 ~]# df -Th
Filesystem     Type      Size  Used Avail Use% Mounted on
devtmpfs       devtmpfs  890M     0  890M   0% /dev
tmpfs          tmpfs     904M     0  904M   0% /dev/shm
tmpfs          tmpfs     904M  9.7M  894M   2% /run
tmpfs          tmpfs     904M     0  904M   0% /sys/fs/cgroup
/dev/nvme0n1p3 xfs        18G  4.4G   14G  25% /
/dev/nvme0n1p1 xfs       295M  144M  152M  49% /boot
tmpfs          tmpfs     181M   16K  181M   1% /run/user/42
tmpfs          tmpfs     181M  4.6M  177M   3% /run/user/0
/dev/sr0       iso9660   6.7G  6.7G     0 100% /run/media/root/RHEL-8-0-0-BaseOS-x86_64
[root@192 ~]# cd /run/media/root/RHEL-8-0-0-BaseOS-x86_64/
[root@192 RHEL-8-0-0-BaseOS-x86_64]# ls -l
total 48
dr-xr-xr-x. 4 root root  2048 Apr  4  2019 AppStream
dr-xr-xr-x. 4 root root  2048 Apr  4  2019 BaseOS
dr-xr-xr-x. 3 root root  2048 Apr  4  2019 EFI
-r--r--r--. 1 root root  8266 Mar  1  2019 EULA
-r--r--r--. 1 root root  1455 Apr  4  2019 extra_files.json
-r--r--r--. 1 root root 18092 Mar  1  2019 GPL
dr-xr-xr-x. 3 root root  2048 Apr  4  2019 images
dr-xr-xr-x. 2 root root  2048 Apr  4  2019 isolinux
-r--r--r--. 1 root root   103 Apr  4  2019 media.repo
-r--r--r--. 1 root root  1669 Mar  1  2019 RPM-GPG-KEY-redhat-beta
-r--r--r--. 1 root root  5134 Mar  1  2019 RPM-GPG-KEY-redhat-release
-r--r--r--. 1 root root  1796 Apr  4  2019 TRANS.TBL
[root@192 RHEL-8-0-0-BaseOS-x86_64]#
```

图 7-2　Linux 系统光盘挂载成功效果

7.1.2　BaseOS 和 AppStream 目录

在 Linux 系统光盘中，通常可以找到两个目录，分别是 BaseOS 和 AppStream。这两个目录是 CentOS、Fedora 和 RHEL 这样的 Linux 发行版中常见的组成部分，用于组织软件包和其他系统组件。

1. BaseOS 目录

BaseOS 目录包含了构成操作系统基本功能所需的核心组件和工具。这些组件包括以下几个。

(1) 核心操作系统文件和库。

(2) 基本的系统工具，如 Bash (Shell)、Coreutils 等。

(3) 网络协议和驱动程序。

(4) 基本的系统服务，如 Systemd 等。

(5) 其他系统所需的基本组件。

BaseOS 目录的内容使系统能够运行，并提供了一些基本的功能，但并不包含额外的应用程序或服务，如图 7-3 所示。

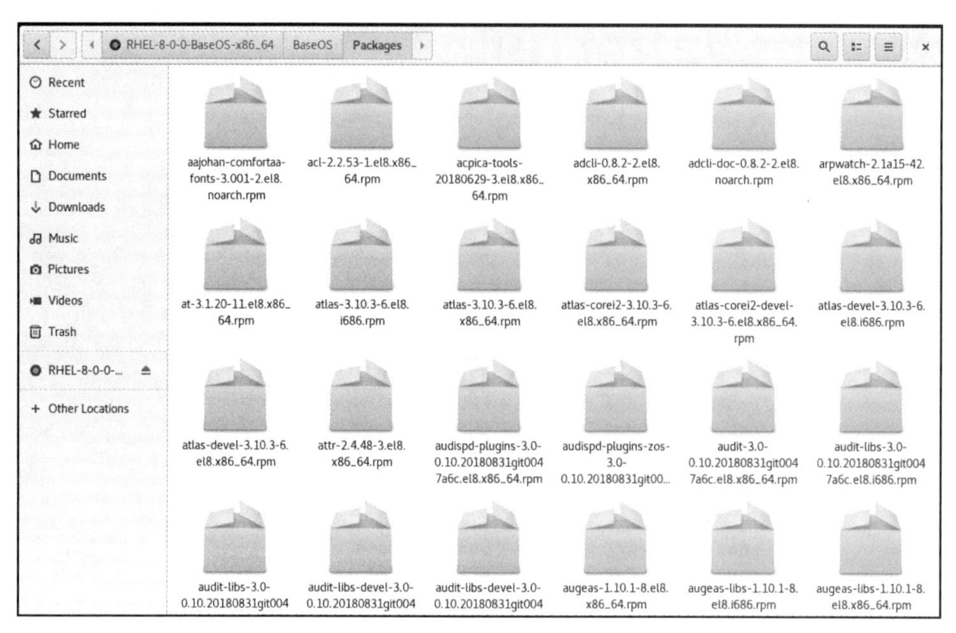

图 7-3　BaseOS 目录

2. AppStream 目录

AppStream 目录存放的是额外的应用程序和软件包。这些软件包并非构成操作系统基础的一部分，而是供用户根据需要安装的额外软件。AppStream 目录中的软件包通常包含图形化应用程序、服务、开发工具、桌面环境等。通过这些软件包，用户可以根据自己的需求扩展系统功能，如安装图形界面的文本编辑器、办公套件、游戏等，如图 7-4 所示。

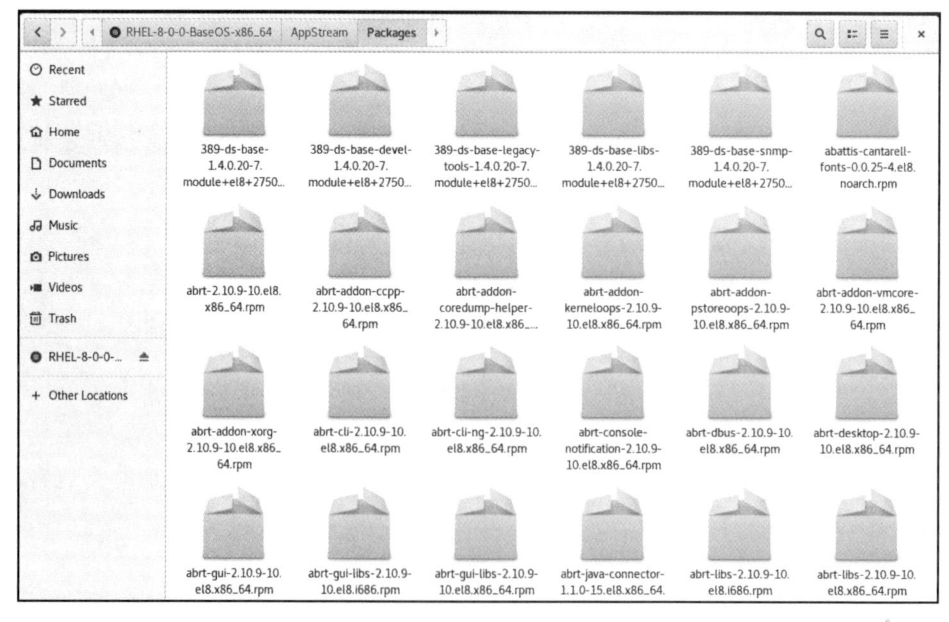

图 7-4　AppStream 目录

总的来说，BaseOS 和 AppStream 目录的结合提供了一个完整的 Linux 发行版，基本功能和系统组件存放于 BaseOS 目录中，而额外的应用程序和服务则存放于 AppStream 目录中，用户可以根据需要选择安装它们。

7.2 rpm 软件包

7.2.1 rpm 软件包概述

rpm(RedHat Package Manager)软件包是一种在基于 RedHat 的 Linux 发行版中常用的软件包管理格式，它主要用于发行版，如 Fedora、CentOS、RHEL 等。rpm 软件包是一种二进制软件包格式，其中包含了预编译的二进制文件、配置文件、文档、脚本以及其他与软件包安装和管理相关的信息。

rpm 软件包具有以下特点。

(1) 包含的内容。rpm 软件包主要包含了软件应用的二进制文件和相关资源，如图像、音频和文档。它还包含预安装脚本(pre-install script)和卸载脚本(post-uninstall script)等，在安装和卸载过程中执行特定的操作。

(2) 依赖关系。rpm 软件包支持依赖关系，但需要配置 YUM 软件仓库。这意味着在安装一个软件包时，系统会自动解决该软件包所需的其他软件包依赖。这有助于确保软件包能够顺利安装和运行所需的环境。

(3) 签名验证。rpm 软件包可以被数字签名以确保其完整性和来源的可信性。签名验证有助于防止用户在未经授权的情况下安装恶意软件包。

(4) 软件仓库。rpm 软件包通常存储于在线软件仓库中。Linux 系统中的软件包管理器(如 DNF、YUM)可以从这些软件仓库中下载和安装 rpm 软件包，使软件的获取和更新变得方便、快捷。

(5) 命令行工具。rpm 软件包可以通过命令行工具进行安装、升级、删除、查询等操作。常用的 RPM 命令包括 rpm -ivh(安装)、rpm -Uvh(升级)、rpm -e(删除)等。

(6) 包管理系统。rpm 软件包是 Linux 系统中的包管理系统之一。它与其他包管理格式(如 Debian 的.deb 软件包)有所不同，因此在不同的 Linux 发行版之间可能会有一些差异。

虽然 rpm 软件包主要用在基于 RedHat 的 Linux 发行版，但许多其他发行版也支持使用 rpm 进行软件包管理。此外，如果用户需要在系统中手动构建软件包，可以使用 rpmbuild 命令将源代码打包成 rpm 格式的软件包。

7.2.2 rpm 软件包的使用技巧

1. 安装软件包

使用以下命令安装 rpm 软件包：

```
rpm -i package.rpm
```

该命令将安装名为 package.rpm 的 rpm 软件包。应确保使用管理员权限执行此命令，以便在系统中进行安装。

2. 升级软件包

如果已经安装了较旧版本的软件包，可以使用以下命令升级到新版本：

```
rpm -U package.rpm
```

-U 参数表示升级安装。这将便于安装新版本并更新旧版本的软件包。

3. 删除 rpm 软件包

使用以下命令删除一个已安装的 rpm 软件包：

```
rpm -e package
```

该命令将删除名为 package 的软件包。

4. 查询 rpm 软件包信息

若要查询软件包是否已安装或获取软件包信息，可以使用以下命令：

```
rpm -q package
rpm -qi package
```

第一个命令显示软件包是否已安装，第二个命令显示有关软件包的详细信息。

5. 列出已安装的 rpm 软件包

若要列出系统中已安装的所有 rpm 软件包，可以使用以下命令：

```
rpm -qa
```

6. 验证 rpm 软件包

若要验证 rpm 软件包的完整性，可以使用以下命令：

```
rpm -V package
```

该命令将检查软件包是否已被篡改。

7. 查询文件所属的 rpm 软件包

若要查询系统中的文件属于哪个 rpm 软件包，可以使用以下命令：

```
rpm -qf /path/to/file
```

8. 解决依赖关系问题

在安装或升级软件包时，有时可能会遇到依赖关系问题。为了解决这些问题，可以使用 dnf 或 yum 命令，它们可以自动处理依赖性，并从配置的软件仓库中下载和安装所需的软件包。

注意，如果使用的是基于 Debian 的发行版(如 Ubuntu)，那么通常会使用.deb 格式的软件包，而不是 rpm 格式。

7.2.3 rpm 软件包的实例测试

可以进入 Linux 系统光盘的"BaseOS/Packages"目录和"AppStream/Packages"目录进行以下测试。查询指定软件包 httpd、vsftpd 和 cifs-utils 是否已安装；如果已安装，将这些软件包删除；最后再将软件包 httpd、vsftpd 和 cifs-utils 安装到 Linux 系统上。

1. 查询指定软件包是否安装

执行以下命令查询 httpd、vsftpd 和 cifs-utils 是否已安装，如图 7-5 所示。从图中可以看到，httpd 和 vsftpd 没有安装，cifs-utils 软件包已经安装。

```
[root@192 ~]# rpm -q httpd
package httpd is not installed
[root@192 ~]# rpm -q vsftpd
package vsftpd is not installed
[root@192 ~]# rpm -q cifs-utils
cifs-utils-6.8-2.el8.x86_64
[root@192 ~]#
```

图 7-5 查询软件包是否已安装

2. 删除指定的软件包

执行“rpm -e cifs-utils”命令删除软件包 cifs-utils，如图 7-6 所示。

```
[root@192 ~]# rpm -q cifs-utils
cifs-utils-6.8-2.el8.x86_64
[root@192 ~]# rpm -e cifs-utils
[root@192 ~]# rpm -q cifs-utils
package cifs-utils is not installed
[root@192 ~]#
```

图 7-6 删除指定的软件包

3. 安装指定软件包

在 Linux 系统光盘的"BaseOS/Packages"目录下有 cifs-utils 的 rpm 包，可以先进入该目录中，然后执行“rpm -ivh cifs-utils-6.8-2.el8.x86_64.rpm”命令进行安装，如图 7-7 所示。

在系统光盘的"AppStream/Packages"挂载目标目录下有 vsftpd 的 rpm 包，进入该目录中，然后执行“rpm -ivh vsftpd*”命令进行安装，如图 7-7 所示。

```
[root@192 Packages]# cd /run/media/root/RHEL-8-0-0-BaseOS-x86_64/BaseOS/Packages
[root@192 Packages]# rpm -ivh cifs-utils-6.8-2.el8.x86_64.rpm
warning: cifs-utils-6.8-2.el8.x86_64.rpm: Header V3 RSA/SHA256 Signature, key ID fd431d51: NOKE
Y
Verifying...                          ################################# [100%]
Preparing...                          ################################# [100%]
Updating / installing...
   1:cifs-utils-6.8-2.el8             ################################# [100%]
[root@192 Packages]# rpm -q cifs-utils
cifs-utils-6.8-2.el8.x86_64
[root@192 Packages]# cd /run/media/root/RHEL-8-0-0-BaseOS-x86_64/AppStream/Packages/
[root@192 Packages]# rpm -ivh vsftpd*
warning: vsftpd-3.0.3-28.el8.x86_64.rpm: Header V3 RSA/SHA256 Signature, key ID fd431d51: NOKEY
Verifying...                          ################################# [100%]
Preparing...                          ################################# [100%]
Updating / installing...
   1:vsftpd-3.0.3-28.el8              ################################# [100%]
[root@192 Packages]# rpm -q vsftpd
vsftpd-3.0.3-28.el8.x86_64
[root@192 Packages]# 
```

图 7-7 安装指定的软件包

4. 依赖性关系

在采用 rpm 软件包的方式进行安装或删除软件包时，如果安装或删除的软件包与其他软件包存在依赖性关系，会导致安装或删除的操作失败。在图 7-8 所示的命令行窗口中，使用“rpm -ivh httpd*”命令安装 httpd 软件包，但出现了安装错误，即依赖性关系错误，提示需要安装前驱软件包后才可以安装 httpd 软件包。

```
[root@192 Packages]# rpm -ivh httpd*
warning: httpd-2.4.37-10.module+el8+2764+7127e69e.x86_64.rpm: Header V3 RSA/SHA256 Signature, k
ey ID fd431d51: NOKEY
error: Failed dependencies:
        libapr-1.so.0()(64bit) is needed by httpd-2.4.37-10.module+el8+2764+7127e69e.x86_64
        libaprutil-1.so.0()(64bit) is needed by httpd-2.4.37-10.module+el8+2764+7127e69e.x86_64
        mod_http2 is needed by httpd-2.4.37-10.module+el8+2764+7127e69e.x86_64
        system-logos-httpd is needed by httpd-2.4.37-10.module+el8+2764+7127e69e.x86_64
        apr-devel is needed by httpd-devel-2.4.37-10.module+el8+2764+7127e69e.x86_64
        apr-util-devel is needed by httpd-devel-2.4.37-10.module+el8+2764+7127e69e.x86_64
        libapr-1.so.0()(64bit) is needed by httpd-tools-2.4.37-10.module+el8+2764+7127e69e.x86_
64
        libaprutil-1.so.0()(64bit) is needed by httpd-tools-2.4.37-10.module+el8+2764+7127e69e.
x86_64
[root@192 Packages]# 
```

图 7-8 rpm 软件包的依赖性关系问题

7.3 YUM 软件仓库技术

7.3.1 YUM 软件仓库概述

YUM(Yellow dog Updater, Modified)软件仓库是一个用于 Linux 系统的软件包管理系统，特别在基于 RedHat 的发行版中广泛使用。它是 rpm 软件包管理系统的前端工具，通过提供一个简单易用的界面来管理软件包的安装、升级和删除。YUM 软件仓库的主要特点有以下几个。

1. 仓库配置

软件仓库是一个存储 rpm 软件包的在线集合。Linux 发行版通常预配置了一些官方的 YUM 软件仓库，用户可以通过这些仓库获取和安装软件包。此外，用户也可以手动添加其他第三方的 YUM 软件仓库，以获取更多软件包和功能。

2. 软件包管理

YUM 软件仓库使软件包的管理更加便捷。用户可以使用 YUM 命令来查找、安装、升级和删除软件包，而 YUM 会自动处理依赖关系，确保所需的其他软件包也被正确安装。

3. 依赖解决

YUM 具备强大的依赖解决功能，这意味着在安装或升级软件包时，YUM 会自动检查并安装该软件包所需的其他软件包。这简化了安装新软件的过程，避免了手动解决依赖关系的麻烦。

4. 版本控制

YUM 允许用户控制软件包的版本。用户可以选择安装特定版本的软件包，也可以使用 YUM 进行软件包的升级，将软件包更新到最新版本。

5. 更新系统

通过 YUM 软件仓库，系统管理员可以轻松地更新整个系统，包括操作系统本身和已安装的软件包。这有助于确保系统的最新和安全。

6. 软件源选择

YUM 支持多个软件源，用户可以从不同的软件仓库中选择软件包。这样，用户可以选择性地获取软件包，或者从最近的服务器下载以加快下载速度。

7. 插件支持

YUM 支持插件，可以扩展其功能。这些插件可以用于执行额外的任务，如提供进度条、下载速度限制等功能。

总体而言，YUM 软件仓库是 Linux 系统中一个强大的软件包管理工具，它简化了软件包的安装、升级和删除过程，同时能够自动处理依赖关系以减轻用户的工作负担。通过合理配置 YUM 软件仓库，用户可以轻松获取并安装系统所需的软件包。

7.3.2 YUM 软件仓库的使用技巧

1. 光盘映像的挂载

先将 Linux 系统映像文件挂载到本地光盘上，如图 7-9 所示，挂载后的目标目录为"/run/media/root/RHEL-8-0-0-BaseOS-x86_64"，成功得到了 BaseOS 目录和 AppStream 目录。

```
[root@192 Packages]# pwd
/run/media/root/RHEL-8-0-0-BaseOS-x86_64/AppStream/Packages
[root@192 Packages]# df -Th
Filesystem     Type      Size  Used Avail Use% Mounted on
devtmpfs       devtmpfs  890M     0  890M   0% /dev
tmpfs          tmpfs     904M     0  904M   0% /dev/shm
tmpfs          tmpfs     904M  9.7M  894M   2% /run
tmpfs          tmpfs     904M     0  904M   0% /sys/fs/cgroup
/dev/nvme0n1p3 xfs        18G  4.4G   14G  25% /
/dev/nvme0n1p1 xfs       295M  144M  152M  49% /boot
tmpfs          tmpfs     181M   16K  181M   1% /run/user/42
tmpfs          tmpfs     181M  5.7M  175M   4% /run/user/0
/dev/sr0       iso9660   6.7G  6.7G     0 100% /run/media/root/RHEL-8-0-0-BaseOS-x86_64
[root@192 Packages]#
```

图 7-9　光盘映像的挂载

2. 修改 YUM 软件仓库的配置文件

将目录切换到 YUM 软件仓库的工作目录"/etc/yum.repos.d/"下，然后创建以.repo 结尾的 YUM 软件仓库配置文件，如图 7-10 所示。

```
[root@192 Packages]# cd /etc/yum.repos.d/
[root@192 yum.repos.d]# ll
total 4
-rw-r--r--. 1 root root 358 Jul 23 18:15 redhat.repo
[root@192 yum.repos.d]# vim base.repo
[root@192 yum.repos.d]# cat base.repo
[base]
name=baseyum
baseurl=file:///run/media/root/RHEL-8-0-0-BaseOS-x86_64/BaseOS
enabled=1
gpgcheck=0
```

图 7-10　创建 YUM 软件仓库配置文件 1

这里配置文件的名字可以随意命名，如 base.repo，但扩展名必须为.repo，文件内容如图 7-11 所示。

```
[base]
name=baseyum
baseurl=file:///run/media/root/RHEL-8-0-0-BaseOS-x86_64/BaseOS
enabled=1
gpgcheck=0
```

图 7-11　YUM 软件仓库配置文件 1

各命令行参数含义如下。

[base]：[]里写软件仓库的名称，可以自己命名。

name=baseyum：name 后写软件仓库的全称，可以自己命名。

baseurl=file:///run/media/root/RHEL-8-0-0-BaseOS-x86_64/BaseOS：baseurl 后写软件仓库的绝对路径，file:///表示仓库目录在本地。

enabled=1：是否启用该软件仓库，1 表示启用，0 表示不启用。

gpgcheck=0：是否校验软件包(即是否进行签名检查)，0 表示不检查，1 表示检查。

3. 清空 YUM 缓存并重新计算 YUM 软件仓库

执行“yum clean all”命令和“yum repolist”命令清空 YUM 缓存，重新计算 YUM 软件仓库，如图 7-12 所示。从图中可以看到，BaseOS 目录中的 1660 个软件包已经被软件仓库识别。

```
[root@192 yum.repos.d]# yum clean all
Updating Subscription Management repositories.
Unable to read consumer identity
This system is not registered to Red Hat Subscription Management. You can use subscription-mana
ger to register.
0 files removed
[root@192 yum.repos.d]# yum repolist
Updating Subscription Management repositories.
Unable to read consumer identity
This system is not registered to Red Hat Subscription Management. You can use subscription-mana
ger to register.
baseyum                                                  106 MB/s | 2.2 MB     00:00
Last metadata expiration check: 0:00:01 ago on Wed 26 Jul 2023 06:27:19 AM PDT.
repo id                              repo name                                  status
base                                 baseyum                                    1,660
[root@192 yum.repos.d]#
```

图 7-12　更新 YUM 软件仓库 1

由于 Linux 系统光盘中除了 BaseOS 目录还有 AppStream 目录，所以在配置 YUM 软件仓库时，还要声明 AppStream 段落。这里可以将声明 AppStream 段落的语句单独建立一个.repo 文件，也可以写到刚才建立好的配置文件的末尾。这里采用新建一个.repo 文件的方式，如图 7-13 所示。

这里配置文件的名字可以随意命名，如 app.repo，但扩展名必须为.repo，文件内容如图 7-14 所示。

```
[root@192 yum.repos.d]# vim app.repo
[root@192 yum.repos.d]# cat app.repo
[app]
name=app
baseurl=file:///run/media/root/RHEL-8-0-0-BaseOS-x86_64/AppStream
enabled=1
gpgcheck=0
[root@192 yum.repos.d]#
```

图 7-13　创建 YUM 软件仓库配置文件 2

```
[app]
name=app
baseurl=file:///run/media/root/RHEL-8-0-0-BaseOS-x86_64/AppStream
enabled=1
gpgcheck=0
```

图 7-14　YUM 软件仓库配置文件 2

再次执行“yum clean all”命令和“yum repolist”命令清空 YUM 缓存，重新计算 YUM 软件仓库，如图 7-15 所示。从图中可以看到，除了 BaseOS 目录中的 1658 个软件包以外，还有 AppStream 目录的 4672 个软件包也被 YUM 软件仓库识别。

```
[root@192 yum.repos.d]# yum clean all
Updating Subscription Management repositories.
Unable to read consumer identity
This system is not registered to Red Hat Subscription Management. You can use subscription-mana
ger to register.
6 files removed
[root@192 yum.repos.d]# yum repolist
Updating Subscription Management repositories.
Unable to read consumer identity
This system is not registered to Red Hat Subscription Management. You can use subscription-mana
ger to register.
app                                                 114 MB/s | 5.3 MB     00:00
baseyum                                             232 MB/s | 2.2 MB     00:00
Last metadata expiration check: 0:00:01 ago on Wed 26 Jul 2023 06:37:13 AM PDT.
repo id                                 repo name                              status
app                                     app                                    4,672
base                                    baseyum                                1,658
[root@192 yum.repos.d]#
```

图 7-15　更新 YUM 软件仓库 2

4. YUM 软件仓库常见命令使用技巧

当使用 YUM 作为包管理器来管理软件包时，一些常见命令的使用技巧如下。

(1) 更新软件包。

使用“yum update”命令可以将所有已安装的软件包更新为最新版本。更新前，YUM 会检查可用的软件包。命令如下：

```
yum update
```

(2) 安装软件包。

要安装一个或多个软件包，使用“yum install”命令后跟软件包名称(可以同时安装多个软件包，它们之间用空格分隔)。命令如下：

```
yum install 软件包 1 软件包 2 软件包 3 ...
```

(3) 删除软件包。

使用“yum remove”命令可以从系统中删除一个或多个已安装的软件包(可以同时删除多个软件包，它们之间用空格分隔)。命令如下：

```
yum remove 软件包 1 软件包 2 软件包 3 ...
```

(4) 搜索软件包。

使用“yum search”命令后跟关键字，可以搜索包含特定关键字的软件包。YUM 将返回匹配的软件包列表。命令如下：

```
yum search 关键字
```

(5) 获取软件包信息。

使用“yum info”命令后跟软件包名称，可以获取特定软件包的详细信息，如版本、大小、依赖关系等。命令如下：

```
yum info 软件包名称
```

(6) 列出已安装的软件包。

使用“yum list”命令可以列出系统中已安装的所有软件包。如果要查找特定软件包，可以在命令后添加软件包名称。命令如下：

```
yum list 软件包名称
```

(7) 清理 YUM 缓存。

随着时间的推移，YUM 会积累缓存数据。要清理 YUM 缓存并释放磁盘空间，可以使用以下命令：

```
yum clean all
```

(8) 启用/禁用软件源。

使用--enablerepo 和--disablerepo 标志可以在特定的软件源之间切换。例如，要仅从名为 repo_name 的软件源安装软件包，命令如下：

```
yum --enablerepo=repo_name install 软件包名称
```

(9) 检查更新但不安装。

如果只想查看有哪些软件包需要更新而不实际安装它们，可以执行以下命令：

```
yum check-update
```

(10) 软件包组管理。

YUM 允许以软件包组的形式管理软件包。要列出可用的软件包组，可以执行以下命令：

```
yum group list
```

要安装一个软件包组，可以执行以下命令(将软件包组名称替换为实际的组名)：

```
yum group install 软件包组名称
```

7.3.3 本地源 YUM 软件仓库实例测试

挂载 Linux 系统光盘映像，得到 BaseOS 和 AppStream 目录，以此来配置 YUM 软件仓库；查询软件包 vsftpd、httpd 和 autofs 信息及安装情况；如果未安装，使用 YUM 软件仓库的相关指令进行安装；再使用 YUM 软件仓库的相关指令将其删除；以成组的方式查看软件包的安装情况；以成组的方式安装 Development Tools 软件包；查询文件"/etc/passwd"是来源于哪一个软件包。

1. 挂载 Linux 系统光盘映像

将 Linux 系统映像文件挂载到本地光盘上，挂载后的目标目录为"/run/media/root/RHEL-8-0-0-BaseOS-x86_64"，成功得到了 BaseOS 和 AppStream 目录。

2. 配置 YUM 软件仓库

将目录切换到 YUM 软件仓库的工作目录"/etc/yum.repos.d/"下，然后创建以.repo 结尾的 YUM 软件仓库配置文件，这里新建了 base.repo 和 app.repo，内容同图 7-11 与图 7-14 所示。

3. 清空 YUM 缓存并重新计算 YUM 软件仓库

执行命令“yum clean all”和“yum repolist”清空 YUM 缓存，重新计算 YUM 软件仓库，可以看到，除了 BaseOS 目录中的 1660 个软件包以外，还有 AppStream 目录的 4672 个软件包也被 YUM 软件仓库识别。

4. 查询软件包 vsftpd、httpd 和 autofs 信息及安装情况

执行命令“yum search vsftpd”“yum search httpd”“yum search autofs”查询软件仓库中是否有相关匹配包，效果如图 7-16 所示。

执行命令“yum info vsftpd”“yum info httpd”“yum info autofs”查询相关软件包详细信息，包括是否已安装。如果该软件包已经安装，会显示“Installed Packages”，如果未安装，会显示“Avaliable Packages”，如图 7-17 所示。

5. 安装软件包 vsftpd、httpd 和 autofs

执行命令“yum -y install httpd*”，安装 httpd 相关软件包，效果如图 7-18 所示。

```
[root@192 ~]# yum search vsftpd
Updating Subscription Management repositories.
Unable to read consumer identity
This system is not registered to Red Hat Subscription Management. You can use subscription-manager to register.
Last metadata expiration check: 0:02:04 ago on Wed 26 Jul 2023 07:43:58 PM PDT.
============================================================ Name Exactly Matched: vsftpd ==========================
vsftpd.x86_64 : Very Secure Ftp Daemon
vsftpd.x86_64 : Very Secure Ftp Daemon
[root@192 ~]# yum search autofs
Updating Subscription Management repositories.
Unable to read consumer identity
This system is not registered to Red Hat Subscription Management. You can use subscription-manager to register.
Last metadata expiration check: 0:02:08 ago on Wed 26 Jul 2023 07:43:58 PM PDT.
============================================================ Name Exactly Matched: autofs ==========================
autofs.x86_64 : A tool for automatically mounting and unmounting filesystems
autofs.x86_64 : A tool for automatically mounting and unmounting filesystems
=========================================================== Summary & Name Matched: autofs =========================
libsss_autofs.x86_64 : A library to allow communication between Autofs and SSSD
libsss_autofs.x86_64 : A library to allow communication between Autofs and SSSD
[root@192 ~]# yum search httpd
Updating Subscription Management repositories.
Unable to read consumer identity
This system is not registered to Red Hat Subscription Management. You can use subscription-manager to register.
Last metadata expiration check: 0:02:14 ago on Wed 26 Jul 2023 07:43:58 PM PDT.
============================================================= Name Exactly Matched: httpd ==========================
httpd.x86_64 : Apache HTTP Server
============================================================ Name & Summary Matched: httpd =========================
redhat-logos-httpd.noarch : Red Hat-related icons and pictures used by httpd
keycloak-httpd-client-install.noarch : Tools to configure Apache HTTPD as Keycloak client
python3-keycloak-httpd-client-install.noarch : Tools to configure Apache HTTPD as Keycloak client
================================================================== Name Matched: httpd =============================
```

图 7-16　查询软件仓库中是否有相关匹配软件包

```
[root@192 ~]# yum info vsftpd
Updating Subscription Management repositories.
Unable to read consumer identity
This system is not registered to Red Hat Subscription Management. You can use subscription-manager to register.
Last metadata expiration check: 0:04:08 ago on Wed 26 Jul 2023 07:43:58 PM PDT.
Installed Packages
Name         : vsftpd
Version      : 3.0.3
Release      : 28.el8
Arch         : x86_64
Size         : 356 k
Source       : vsftpd-3.0.3-28.el8.src.rpm
Repo         : @System
Summary      : Very Secure Ftp Daemon
URL          : https://security.appspot.com/vsftpd.html
License      : GPLv2 with exceptions
Description  : vsftpd is a Very Secure FTP daemon. It was written completely from
             : scratch.

[root@192 ~]# yum info httpd
Updating Subscription Management repositories.
Unable to read consumer identity
This system is not registered to Red Hat Subscription Management. You can use subscription-manager to register.
Last metadata expiration check: 0:04:13 ago on Wed 26 Jul 2023 07:43:58 PM PDT.
Available Packages
Name         : httpd
Version      : 2.4.37
Release      : 10.module+el8+2764+7127e69e
Arch         : x86_64
Size         : 1.4 M
```

图 7-17　查询软件包是否已安装

```
[root@192 ~]# yum -y install httpd*
Updating Subscription Management repositories.
Unable to read consumer identity
This system is not registered to Red Hat Subscription Management. You can use subscription-mana
Last metadata expiration check: 0:15:25 ago on Wed 26 Jul 2023 07:43:58 PM PDT.
Dependencies resolved.
================================================================================================
 Package                             Arch                          Version
================================================================================================
Installing:
 httpd                               x86_64                        2.4.37-10.module+el8+2764+
 httpd-devel                         x86_64                        2.4.37-10.module+el8+2764+
 httpd-filesystem                    noarch                        2.4.37-10.module+el8+2764+
 httpd-manual                        noarch                        2.4.37-10.module+el8+2764+
 httpd-tools                         x86_64                        2.4.37-10.module+el8+2764+
Installing dependencies:
 apr                                 x86_64                        1.6.3-9.el8
 apr-devel                           x86_64                        1.6.3-9.el8
 apr-util                            x86_64                        1.6.1-6.el8
 apr-util-devel                      x86_64                        1.6.1-6.el8
 libdb-devel                         x86_64                        5.3.28-36.el8
 mod_http2                           x86_64                        1.11.3-1.module+el8+2443+6
 cyrus-sasl-devel                    x86_64                        2.1.27-0.3rc7.el8
 expat-devel                         x86_64                        2.2.5-3.el8
```

图 7-18　安装 httpd 相关软件包

6. 删除软件包 vsftpd、httpd 和 autofs

执行命令“yum -y erase httpd”可删除 httpd 软件包，效果如图 7-19 所示。

```
[root@192 ~]# yum -y erase httpd
Updating Subscription Management repositories.
Unable to read consumer identity
This system is not registered to Red Hat Subscription Management. You can use subscription-mana
ger to register.
Dependencies resolved.
===============================================================================================
 Package                 Arch        Version                                Repository   Size
===============================================================================================
Removing:
 httpd                   x86_64      2.4.37-10.module+el8+2764+7127e69e     @app         4.3 M
Removing dependent packages:
 httpd-devel             x86_64      2.4.37-10.module+el8+2764+7127e69e     @app         818 k
 httpd-manual            noarch      2.4.37-10.module+el8+2764+7127e69e     @app         7.1 M
Removing unused dependencies:
 apr-devel               x86_64      1.6.3-9.el8                            @app         1.0 M
 apr-util-devel          x86_64      1.6.1-6.el8                            @app         317 k
 cyrus-sasl-devel        x86_64      2.1.27-0.3rc7.el8                      @base        203 k
 expat-devel             x86_64      2.2.5-3.el8                            @base        156 k
 libdb-devel             x86_64      5.3.28-36.el8                          @app         126 k
 mod_http2               x86_64      1.11.3-1.module+el8+2443+605475b7      @app         405 k
 openldap-devel          x86_64      2.4.46-9.el8                           @base        3.7 M
 redhat-logos-httpd      noarch      80.7-1.el8                             @base        3.3 k
```

图 7-19　删除 httpd 软件包

同样，执行命令“yum -y erase vsftpd”可删除 vsftpd 软件包，执行命令“yum -y erase autofs”可删除 autofs 软件包。

7. 以成组方式管理软件包组

执行命令“yum grouplist”可以成组的方式查看软件包组是否安装，效果如图 7-20 所示。

```
[root@192 ~]# yum grouplist
Updating Subscription Management repositories.
Unable to read consumer identity
This system is not registered to Red Hat Subscription Management. You can use subscription-mana
ger to register.
Last metadata expiration check: 0:35:44 ago on Wed 26 Jul 2023 07:43:58 PM PDT.
Available Environment Groups:
   Server with GUI
   Server
   Minimal Install
   Workstation
   Virtualization Host
   Custom Operating System
Available Groups:
   Container Management
   .NET Core Development
   RPM Development Tools
   Smart Card Support
   Development Tools
   Graphical Administration Tools
   Headless Management
   Legacy UNIX Compatibility
   Network Servers
   Scientific Support
   Security Tools
   System Tools
```

图 7-20　以成组的方式查看软件包组信息

执行命令“yum groupinstall 'Development Tools'”，可以成组的方式安装软件包组“Development Tools”，效果如图 7-21 所示。

```
[root@192 ~]# yum groupinstall 'Development Tools'
Updating Subscription Management repositories.
Unable to read consumer identity
This system is not registered to Red Hat Subscription Management. You can use subscription-mana
ger to register.
Last metadata expiration check: 0:38:32 ago on Wed 26 Jul 2023 07:43:58 PM PDT.
Dependencies resolved.
================================================================================================
 Package                          Arch      Version                               Repository
                                                                                         Size
================================================================================================
Installing group/module packages:
 asciidoc                         noarch    8.6.10-0.5.20180627gitf7c2274.el8     app     216 k
 autoconf                         noarch    2.69-27.el8                           app     710 k
 automake                         noarch    1.16.1-6.el8                          app     713 k
 bison                            x86_64    3.0.4-10.el8                          app     688 k
 byacc                            x86_64    1.9.20170709-4.el8                    app      91 k
 ctags                            x86_64    5.8-22.el8                            app     170 k
 diffstat                         x86_64    1.61-7.el8                            app      44 k
 flex                             x86_64    2.6.1-9.el8                           app     320 k
 gcc-c++                          x86_64    8.2.1-3.5.el8                         app      12 M
 gdb                              x86_64    8.2-5.el8                             app     296 k
 git                              x86_64    2.18.1-3.el8                          app     186 k
 intltool                         noarch    0.51.0-11.el8                         app      66 k
```

图 7-21　以成组的方式安装软件包组

8. 查询文件来自于哪个软件包

执行命令“yum whatprovides /etc/passwd”查询文件"/etc/passwd"来自于哪个软件包，如图 7-22 所示。

```
[root@192 ~]# yum whatprovides /etc/passwd
Updating Subscription Management repositories.
Unable to read consumer identity
This system is not registered to Red Hat Subscription Management. You can use subscription-mana
ger to register.
Last metadata expiration check: 0:40:51 ago on Wed 26 Jul 2023 07:43:58 PM PDT.
setup-2.12.2-1.el8.noarch : A set of system configuration and setup files
Repo        : @System
Matched from:
Filename    : /etc/passwd

setup-2.12.2-1.el8.noarch : A set of system configuration and setup files
Repo        : base
Matched from:
Filename    : /etc/passwd

[root@192 ~]#
```

图 7-22　查询文件来自于哪个软件包

7.3.4　网络源 YUM 软件仓库实例测试

如果 YUM 软件仓库源不用本地的光盘映像，也可以使用网络源，如使用公网上的 HTTP 服务器或者 FTP 服务器。此时只需修改配置文件中的 baseurl 参数即可，如使用网络源 http://content.example.com/rhel8.0/x86_64/dvd/BaseOS，则配置文件中的 baseurl 可以写成：

```
baseurl = http://content.example.com/rhel8.0/x86_64/dvd/BaseOS
```

课 后 作 业

7-1 写出使用 rpm 命令查询、安装、删除 rpm 软件包(以 httpd 包为例)的相关命令。

7-2 简述使用 rpm 命令管理 rpm 软件包的弊端。

7-3 简述 YUM 软件仓库技术的优点。

7-4 简述配置 YUM 软件仓库时的注意事项以及配置文件中五行参数的含义。

7-5 简述验证 YUM 软件仓库的相关命令及效果。

7-6 简述 YUM 常见命令使用技巧(以 httpd 包为例)，具体包括判断该软件包是否安装、安装该软件包以及删除该软件包。

第 8 章

Crontab 计划任务

本章知识点结构图

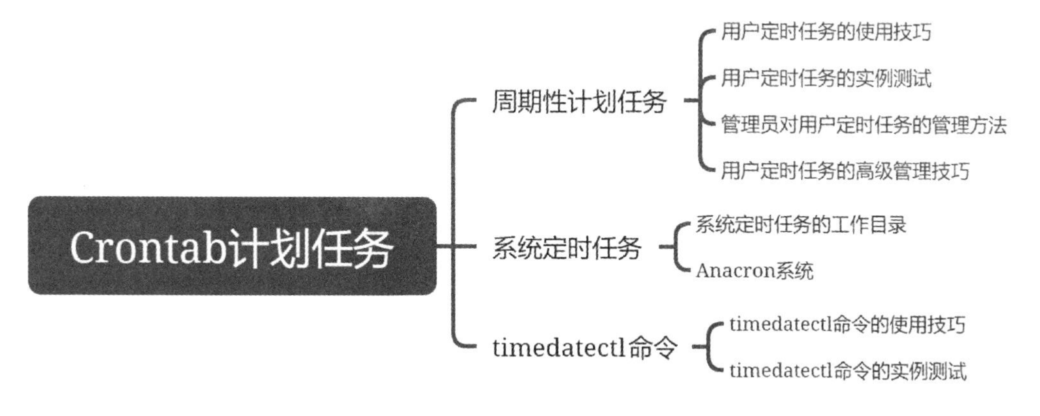

本章主要介绍 Linux 系统中的计划任务管理工具 Crontab，用于在预定时间执行特定的任务，内容包括用户定时任务的使用技巧、用户定时任务的实例测试、管理员对用户定时任务的管理方法、用户定时任务的高级管理技巧、系统定时任务的工作目录、Anacron 系统以及 timedatectl 命令的使用技巧和实例测试。

通过对本章内容的学习，读者将掌握在 Linux 系统中灵活安排计划任务，并且能够合理管理系统时间和日期。

8.1 周期性计划任务

在 Linux 系统中，周期性计划任务(定时任务)是一种非常有用的功能，可以让用户在指定的时间间隔或时间点自动执行特定的命令或脚本。Linux 中的定时任务主要有两种类型，即用户定时任务和系统定时任务。

8.1.1 用户定时任务的使用技巧

用户定时任务是针对每个用户的个人计划任务，每个用户都可以有自己的定时任务列表。

1. 添加用户定时任务

要添加用户定时任务，可以使用“crontab –e”命令，它会打开默认文本编辑器，并加载当前用户的定时任务列表：

```
crontab -e
```

2. 编辑用户定时任务

在编辑器中，可以按照 Crontab 的格式添加计划任务。每一行代表一个任务。

Crontab 任务的语法格式如下：

```
* * * * * command_to_execute
```

其中，*标识的共有 5 个字段，每个字段之间使用空格分隔。这 5 个字段依次表示分钟、小时、日期、月份和星期。

(1) 分钟(minute)：取值范围为 0～59，表示 1 小时中的哪一分钟执行任务。例如，0 表示整点，30 表示半小时。

(2) 小时(hour)：取值范围为 0～23，表示 1 天中的哪一小时执行任务。例如，0 表示午夜，12 表示中午。

(3) 日期(day of the month)：取值范围为 1～31，表示 1 个月中的哪一天执行任务。

(4) 月份(month)：取值范围为 1～12，表示 1 年中的哪个月执行任务。

(5) 星期(day of the week)：取值范围为 0～7(其中 0 和 7 都代表星期日)，表示 1 周中的哪一天执行任务。

对于这些字段，可以使用具体数字表示某个时间点，也可以使用通配符*表示任意时间点。例如，“* * * * *”表示每分钟都执行，“0 0 * * *”表示每天午夜执行。

此外，还可以使用一些特殊符号来定义更复杂的时间规则，具体如下。

(1) 逗号(,)：可以用逗号将多个取值范围或列表组合在一起。例如，“1,3,5”表示 1、3 和 5 这 3 个时间点执行任务。

(2) 减号(-)：可以用减号指定一个范围。例如，“2-5”表示 2～5 之间的每个时间点都执行任务。

(3) 星号(*)：代表通配符，表示该字段可以是任意取值。例如，“* * 1 * *”表示每个月的第一天的每分钟执行任务。

(4) 正斜杠(/)：可以用正斜杠指定时间的增量。例如，“*/10 * * * *”表示每隔 10 分钟执行一次任务。

最后，command_to_execute 代表要执行的命令或脚本的路径，如"/path/to/backup_script.sh"。

需要注意的是，Crontab 中的时间是按照系统的本地时间来执行的。此外，Crontab 的输出默认会发送到邮箱，通常会发送给当前用户。如果需要将输出重定向到文件或者阻止输出，可在命令中显式添加重定向符号。

下面是一些用户定时任务实例。

```
0 3 * * * /path/to/backup_script.sh
# 每天凌晨 3 点执行备份脚本
0 12,20 * * 1 /path/to/cleanup_cache.sh
# 每周一的中午 12 点和晚上 8 点执行清理缓存命令
*/30 * * * * /path/to/check_services.sh
# 每隔 30 分钟执行一次检查服务状态的脚本
```

3. 查看用户定时任务

要查看当前用户的定时任务列表，可以使用以下命令：

```
crontab -l
```

4. 删除用户定时任务

如果需要删除用户的定时任务，可以使用以下命令：

```
crontab -r
```

8.1.2 用户定时任务的实例测试

创建用户定时任务的实例测试如下。

(1) 为 zhangsan 用户创建定时任务，要求：每天下午 5:00 关机。

执行“su – zhangsan”命令，切换到 zhangsan 身份，执行“crontab –e”命令输入定时内容，如图 8-1 所示，关机命令为 poweroff。

```
[root@192 ~]# su - zhangsan
Last login: Tue Jul 25 14:42:11 PDT 2023 on pts/0
[zhangsan@192 ~]$ crontab -e
no crontab for zhangsan - using an empty one
crontab: installing new crontab
[zhangsan@192 ~]$ crontab -l
0 17 * * * poweroff
[zhangsan@192 ~]$ 
```

图 8-1 zhangsan 用户的定时任务

(2) 为 lisi 用户创建定时任务，要求：周一至周五朝九晚五每分钟执行一次“date >> /tmp/lisi1.txt”命令。

执行“su – lisi”命令，切换到 lisi 身份，执行“crontab –e”命令输入定时内容，如图 8-2 所示。

```
[root@192 ~]# su - lisi
Last login: Tue Jul 25 14:42:32 PDT 2023 on pts/0
[lisi@192 ~]$ crontab -e
no crontab for lisi - using an empty one
crontab: installing new crontab
[lisi@192 ~]$ crontab -l
* 9-17 * * 1-5 date >> /tmp/lisi1.txt
[lisi@192 ~]$ 
```

图 8-2 lisi 用户的定时任务 1

(3) 为 lisi 用户创建定时任务，要求：周一至周五朝九晚五每两小时执行一次“date >> /tmp/lisi2.txt”命令。

执行“su – lisi”命令，切换到 lisi 身份，执行“crontab –e”命令输入定时内容，如图 8-3 所示。

```
[lisi@192 ~]$ crontab -e
crontab: installing new crontab
[lisi@192 ~]$ crontab -l
* 9-17 * * 1-5 date >> /tmp/lisi1.txt
0 9-17/2 * * 1-5 date >> /tmp/lisi2.txt
[lisi@192 ~]$ 
```

图 8-3 lisi 用户的定时任务 2

(4) 为 lisi 用户创建定时任务，要求：周一至周五朝九晚五每隔 10 分钟广播一条消息。

注意

广播消息的命令是 wall。例如，广播一条消息内容是 hello1，则需要执行“wall "hello1"”命令：

```
*/10 9-17 * * 1-5 wall "hello1"
```

(5) 为 lisi 用户创建定时任务，要求：周一至周五 1 点、3 点、9 点每隔 10 分钟发一条消息，命令如下：

```
*/10 1,3,9 * * 1-5 wall "hello2"
```

(6) 为 lisi 用户创建定时任务，要求：每年 2 月 2 日上午 9 点执行一次命令“echo welcome”，命令如下：

```
0 9 2 2 * echo welcome
```

最终 lisi 用户的定时任务如图 8-4 所示。

```
* 9-17 * * 1-5 date >> /tmp/lisi1.txt
0 9-17/2 * * 1-5 date >> /tmp/lisi2.txt
*/10 9-17 * * 1-5 wall "hello1"
*/10 1,3,9 * * 1-5 wall "hello2"
0 9 2 2 * echo "welcome"
```

图 8-4 lisi 用户的定时任务 3

8.1.3 管理员对用户定时任务的管理方法

1. 切换到用户定时任务的工作目录进行操作(包括查看、修改、删除)

用户的定时任务被存放在目录"/var/spool/cron"下，管理员 root 可以切换到该目录下对普通用户的定时任务进行管理。在该目录下，如果用户之前创建过定时任务，则 Linux 系统会自动以该用户名作为文件名，存储其定时任务内容。从图 8-5 中可以看到，用户定时任务的工作目录"/var/spool/cron"下，有 zhangsan 与 lisi 的同名文件，表示这两个用户之前都创建过定时任务。如果想查看 lisi 用户定时任务的具体内容，可以执行命令“cat lisi”，则 lisi 用户的定时任务就会显示到终端窗口中。

如果想要删除或修改某个用户的定时任务，可以以管理员 root 的身份直接对该文件进行删除或修改操作。

2. 执行 crontab -u 用户名 -l|-e|-r 命令

例如，以管理员 root 身份执行命令“crontab -u lisi -l|-e|-r”，可直接对用户 lisi 的定时任务进行管理(如查看、修改、删除)，如图 8-6 所示。

```
[root@192 ~]# cd /var/spool/cron
[root@192 cron]# pwd
/var/spool/cron
[root@192 cron]# ll
total 8
-rw-------. 1 lisi     lisi     165 Jul 27 03:38 lisi
-rw-------. 1 zhangsan zhangsan  21 Jul 27 02:29 zhangsan
[root@192 cron]# cat lisi
* 9-17 * * 1-5 date >> /tmp/lisi1.txt
0 9-17/2 * * 1-5 date >> /tmp/lisi2.txt
*/10 9-17 * * 1-5 wall "hello1"
*/10 1,3,9 * * 1-5 wall "hello2"
0 9 2 2 * echo hello3
[root@192 cron]# 
```

图 8-5　管理员对用户定时任务的管理方法 1

```
[root@192 ~]# crontab -u lisi -l
* 9-17 * * 1-5 date >> /tmp/lisi1.txt
0 9-17/2 * * 1-5 date >> /tmp/lisi2.txt
*/10 9-17 * * 1-5 wall "hello1"
*/10 1,3,9 * * 1-5 wall "hello2"
0 9 2 2 * echo "welcome"
[root@192 ~]# crontab -u lisi -r
[root@192 ~]# crontab -u lisi -l
no crontab for lisi
[root@192 ~]# 
```

图 8-6　管理员对用户定时任务的管理方法 2

8.1.4　用户定时任务的高级管理技巧

在 Linux 系统中，可以设置系统层面的黑名单，禁止特定用户或命令执行 crontab。类似于黑名单，通过设置系统层面的白名单文件"/etc/cron.allow"，可以只允许特定用户或命令执行 crontab。

1. 黑名单及其用法

禁止指定的用户创建定时任务。

打开"/etc/cron.deny"文件并添加不允许创建定时任务的用户名，每行一个用户名。如果该文件不存在，可以创建一个空文件，命令如下：

```
vim /etc/cron.deny
```

在编辑器中添加用户名，命令如下：

```
user1
user2
```

编辑完毕后，在命令行模式下输入:wq，存盘并退出 VI 编辑器。

确保"/etc/cron.allow"文件为空，或者将不允许创建定时任务的用户从该文件中移除，命令如下：

```
vim /etc/cron.allow
```

如果该文件不为空，则删除其中包含的用户并保存。

2. 白名单及其用法

只允许指定的用户创建定时任务。

打开"/etc/cron.allow"文件并添加允许创建定时任务的用户名，每行一个用户名。如果该文件不存在，可以创建一个空文件，命令如下：

```
vim /etc/cron.allow
```

在编辑器中添加用户名，命令如下：

```
user3
user4
```

编辑完毕后，在命令行模式下输入:wq，存盘并退出 VI 编辑器。

确保"/etc/cron.deny"文件为空，或者将不允许创建定时任务的用户从该文件中移除，命令如下：

```
vim /etc/cron.deny
```

如果该文件不为空，则删除其中包含的用户并保存。

注意

如果同时设置了黑名单和白名单，那么只有在"/etc/cron.allow"文件中出现的用户才能创建定时任务。

如果既没有设置黑名单也没有设置白名单，那么所有用户都可以创建定时任务，这是默认设置。

确保对配置文件的修改使用管理员权限，如使用 sudo 命令。

修改配置文件后，cron 服务通常会自动重新加载，并应用新的配置。如果遇到问题，可以尝试重启 cron 服务来确保新的配置生效，命令如下：

```
systemctl restart crond
```

8.2 系统定时任务

8.2.1 系统定时任务的工作目录

系统定时任务的工作目录位于"/etc/cron.daily/"、"/etc/cron.hourly/"、"/etc/cron.weekly/"和"/etc/cron.monthly/"。这些目录包含一些特定的脚本文件，它们会根据预定的时间周期性地运行。

1. /etc/cron.daily/

在"/etc/cron.daily/"目录下的脚本文件每天会自动运行一次，预设的触发时间是每天的凌晨 4 点 22 分。这些脚本通常用于执行一些日常维护任务或定期处理的工作。下面是一些常见的位于"/etc/cron.daily/"目录的脚本。

(1) logrotate：用于回滚系统日志文件，即备份并清理旧的日志文件，以避免日志文件过大影响系统性能。

(2) tmpwatch：用于清理临时目录("/tmp")中的过期文件，以释放磁盘空间。

2. /etc/cron.hourly/

在"/etc/cron.hourly/"目录下的脚本文件每小时的第一分钟会自动运行一次。这些脚本通常用于执行一些需要每小时执行的任务。

3. /etc/cron.weekly/

在"/etc/cron.weekly/"目录下的脚本文件每星期(周日的凌晨 4 点 22 分)会自动运行一次。这些脚本用于执行一些需要每周执行的任务。

4. /etc/cron.monthly/

在"/etc/cron.monthly/"目录下的脚本文件每个月(每月 1 号的凌晨 4 点 22 分)会自动运行一次。这些脚本用于执行一些需要每月执行的任务。

这些目录下的脚本文件具有特定的命名约定，以确保它们按照预期运行。一般来说，这些脚本是系统级别的任务，只有 root 用户才拥有执行权限。因此，需要使用 root 权限来编辑这些脚本文件。

当这些脚本运行时，它们通常会执行一些系统维护、日志管理、备份、清理或其他自动化任务。这样，管理员就可以轻松地设置这些任务并确保系统在后台持续运行。如果需要增加、修改或删除这些任务，只需编辑相应目录下的脚本文件即可。

8.2.2 Anacron 系统

Anacron 是一个用于管理周期性任务的系统，主要用于解决 cron 任务由于某种原因(如系统关闭、停电等)而错过预定执行时间的问题。cron 是一种定时任务管理工具，但它对于周期性任务在预定时间未能执行时没有恢复机制，而 Anacron 就是为了弥补这个不足而设计的。

1. Anacron 的工作原理

(1) 任务定义：用户或管理员可以通过创建 Anacron 任务定义文件来设置周期性任

务，这些文件通常位于"/etc/anacrontab"或"/etc/cron.hourly/"、"/etc/cron.daily/"、"/etc/cron.weekly/"、"/etc/cron.monthly/"等目录中。

(2) 时间控制：在 Anacron 任务定义文件中，每个任务都有一个周期(如每天、每周或每月)和一个延迟时间。任务的执行时间会在周期的基础上加上延迟时间来计算。

(3) 启动和执行：在系统在每次启动时，Anacron 会自动检查已定义的任务，并查看是否有错过的任务需要执行。如果找到错过的任务，Anacron 会在当前时间的基础上，根据任务定义中的周期和延迟时间计算出任务的实际执行时间，并执行这些任务。

(4) 记录和标记：Anacron 会在"/var/spool/anacron"目录中维护任务的状态文件。每个任务的状态文件记录了该任务最后一次成功执行的日期。例如，cron.daily 任务的状态文件是"/var/spool/anacron/cron.daily"，其中包含一个时间戳，表示上次成功执行该任务的日期。

2. 使用 Anacron 的好处

(1) 容错性：由于系统关闭或停电等原因，cron 任务可能错过执行，但 Anacron 可以在下次系统启动时补偿执行这些任务，确保它们按照预期执行。

(2) 灵活性：Anacron 允许设置周期性任务的执行时间和延迟时间，可以根据实际需要设置任务的执行策略。

(3) 管理简便：Anacron 任务定义文件易于管理和配置，管理员可以通过编辑这些文件来调整任务的执行频率和延迟时间。

注意

Anacron 适用于周期性任务，而对于需要在特定时间点执行的任务(如每天的特定时间)，仍然需要使用 cron 来设置。如果任务要求在系统启动后立即执行，也需要使用 cron 而不是 Anacron。同时，Anacron 默认在系统启动时自动执行，所以无须手动启动。

8.3 timedatectl 命令

8.3.1 timedatectl 命令的使用技巧

在 Linux 系统中，timedatectl 是一个用于管理系统时间和日期的命令行工具。它通常用于设置时区，调整系统时间和日期等操作。下面是 timedatectl 命令的语法格式和一些用法示例。

1. 语法格式

```
timedatectl [OPTION...] COMMAND
```

2. 常用选项

(1) -h, --help: 显示帮助信息。

(2) -H, --host=[HOSTNAME]: 在指定的主机上执行命令。

(3) -a, --adjust-system-clock: 自动调整硬件时钟，通常用于 NTP 同步。

3. 常用命令

(1) 显示系统时间和日期信息，命令如下：

```
timedatectl
```

(2) 设置系统时区，命令如下：

```
timedatectl set-timezone [时区]
```

例如，将系统时区设置为纽约，命令如下：

```
timedatectl set-timezone America/New_York
```

(3) 手动设置系统时间和日期，命令如下：

```
timedatectl set-time "YYYY-MM-DD HH:MM:SS"
```

例如，将系统时间设置为 2023 年 7 月 28 日下午 3 点 30 分，命令如下：

```
timedatectl set-time "2023-07-28 15:30:00"
```

(4) 启用或禁用网络时间协议(NTP)，命令如下：

```
timedatectl set-ntp [true|false]
```

启用 NTP，命令如下：

```
timedatectl set-ntp true
```

禁用 NTP，命令如下：

```
timedatectl set-ntp false
```

(5) 查看可用的时区列表，命令如下：

```
timedatectl list-timezones
```

(6) 查看当前时区的详细信息，命令如下：

```
timedatectl show
```

注意

执行 timedatectl 命令通常需要超级用户(sudo)权限。在使用时，需谨慎操作以免对系统造成不必要的影响。

8.3.2 timedatectl 命令的实例测试

使用 timedatectl 命令列出所有的时区信息，过滤出亚洲的时区信息；设置系统时区为“亚洲/东京”；禁用网络时间协议(NTP)并设置系统时间为“11:00”；启用网络时间协议(NTP)并设置系统时区为“亚洲/上海”。

1. 使用 timedatectl 命令显示时区信息

执行 timedatectl 命令显示当前的日期、时间及时区等信息；执行“timedatectl list-timezones”命令显示所有的时区信息，如图 8-7 所示。

```
[root@192 ~]# timedatectl
               Local time: Fri 2023-07-28 01:17:05 PDT
           Universal time: Fri 2023-07-28 08:17:05 UTC
                 RTC time: Fri 2023-07-28 08:17:06
                Time zone: America/Los_Angeles (PDT, -0700)
System clock synchronized: yes
              NTP service: active
          RTC in local TZ: no
[root@192 ~]# timedatectl list-timezones
Africa/Abidjan
Africa/Accra
Africa/Addis_Ababa
Africa/Algiers
Africa/Asmara
Africa/Bamako
Africa/Bangui
Africa/Banjul
Africa/Bissau
Africa/Blantyre
Africa/Brazzaville
Africa/Bujumbura
Africa/Cairo
Africa/Casablanca
```

图 8-7 执行 timedatectl 命令显示时区信息

执行“timedatectl list-timezones | grep -i asia”命令只显示亚洲的时区信息，参数-i 表示忽略大小写。

2. 设置系统时区为“亚洲/东京”

执行“timedatectl set-timezone Asia/Tokyo”命令将系统的时区设置为“亚洲/东京”，如图 8-8 所示。

```
[root@192 ~]# timedatectl  set-timezone Asia/Tokyo
[root@192 ~]# timedatectl
               Local time: Fri 2023-07-28 17:25:02 JST
           Universal time: Fri 2023-07-28 08:25:02 UTC
                 RTC time: Fri 2023-07-28 08:25:02
                Time zone: Asia/Tokyo (JST, +0900)
System clock synchronized: yes
              NTP service: active
          RTC in local TZ: no
[root@192 ~]#
```

图 8-8　执行 timedatectl 命令设置时区

3. 禁用网络时间协议(NTP)并设置系统时间为“11:00”

执行“timedatectl set-time 11:00”命令设置系统时间，提示网络时间协议 NTP 当前处于激活状态，说明设置失败。需要先执行“timedatectl　set-ntp false”命令禁用网络时间协议 NTP，此时，再执行“timedatectl set-time 11:00”命令设置系统时间，就没有问题了，如图 8-9 所示。

```
[root@192 ~]# timedatectl  set-time 11:00
Failed to set time: NTP unit is active
[root@192 ~]# timedatectl  set-ntp false
[root@192 ~]# timedatectl
               Local time: Fri 2023-07-28 17:53:55 JST
           Universal time: Fri 2023-07-28 08:53:55 UTC
                 RTC time: Fri 2023-07-28 08:53:55
                Time zone: Asia/Tokyo (JST, +0900)
System clock synchronized: yes
              NTP service: inactive
          RTC in local TZ: no
[root@192 ~]# timedatectl  set-time 11:00
[root@192 ~]# timedatectl
               Local time: Fri 2023-07-28 11:00:03 JST
           Universal time: Fri 2023-07-28 02:00:03 UTC
                 RTC time: Fri 2023-07-28 02:00:03
                Time zone: Asia/Tokyo (JST, +0900)
System clock synchronized: no
              NTP service: inactive
          RTC in local TZ: no
[root@192 ~]#
```

图 8-9　执行 timedatectl 命令禁用 NTP

4. 启用网络时间协议(NTP)并设置系统时区为“亚洲/上海”

执行“timedatectl set-ntp true”命令启用网络时间协议 NTP，执行“timedatectl set-timezone Asia/Shanghai”命令设置当前的时区为“亚洲/上海”，如图 8-10 所示。

```
[root@192 ~]# timedatectl  set-ntp true
[root@192 ~]# timedatectl
               Local time: Fri 2023-07-28 11:07:17 JST
           Universal time: Fri 2023-07-28 02:07:17 UTC
                 RTC time: Fri 2023-07-28 02:07:17
                Time zone: Asia/Tokyo (JST, +0900)
System clock synchronized: no
              NTP service: active
          RTC in local TZ: no
[root@192 ~]# timedatectl  set-timezone Asia/Shanghai
[root@192 ~]# timedatectl
               Local time: Fri 2023-07-28 17:01:56 CST
           Universal time: Fri 2023-07-28 09:01:56 UTC
                 RTC time: Fri 2023-07-28 09:01:56
                Time zone: Asia/Shanghai (CST, +0800)
System clock synchronized: yes
              NTP service: active
          RTC in local TZ: no
[root@192 ~]#
```

图 8-10　执行 timedatectl 命令启用 NTP

课后作业

8-1 简述用户定时任务中各个字段的含义。

8-2 简述设置用户定时任务的步骤。

8-3 创建自己名字汉语拼音的用户，为该用户创建定时任务。要求：周一至周五朝九晚五每隔两小时执行一次命令“date >> /tmp/abc.txt”；周一至周五 1 点、3 点、9 点每隔 10 分钟广播一条消息"hello"(广播消息 hello 的命令是“wall “hello””)。

8-4 用户定时任务的黑名单文件是什么？简述其使用方法。

8-5 写出将系统时间设置为“11:00”的命令。

第9章 文件系统管理

本章知识点结构图

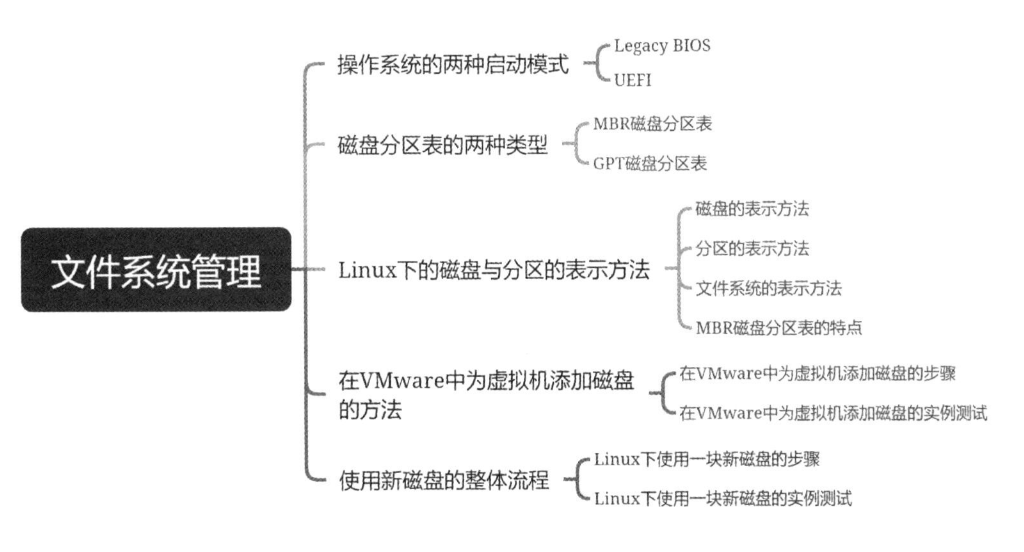

本章主要介绍操作系统的启动模式、磁盘分区表的类型以及 Linux 下的磁盘与分区的表示方法。同时还介绍了在 VMware 中为虚拟机添加磁盘的方法和使用新磁盘的整体流程。

通过本章的学习，读者将深入理解文件系统管理相关的概念和操作，并在实际应用中满足磁盘管理和数据存储的需求。

9.1 操作系统的两种启动模式

操作系统的启动模式主要有两种，即 Legacy BIOS 和 UEFI。它们都是用于初始化计算机硬件并加载操作系统的程序。下面将详细讲解这两种启动模式的特点和运作过程。

9.1.1 Legacy BIOS

Legacy BIOS(Basic Input/Output System，基本输入/输出系统)是早期计算机采用的一种启动模式，它在 20 世纪 80 年代就被引入，并在之后的几十年中广泛应用。它使用基于 16 位或 32 位的实模式来执行系统引导过程。传统 BIOS 具有相对简单的代码和功能，对硬件要求较低，因此可以在各种不同的计算机上运行。

Legacy BIOS 的运作过程如下。

(1) 电源启动。当计算机通电时，CPU 开始执行 BIOS 固化在主板上的固件程序。

(2) 自检(POST)。在 BIOS 初始化过程中，计算机会进行自检(Power-On Self Test，POST)，用于检测系统硬件的状态和是否工作正常。

(3) 启动设备选择。BIOS 会检查连接在计算机上的设备，如硬盘、光驱、USB 等，以找到可引导的设备。

(4) 主引导记录(MBR)。当找到可引导设备后，BIOS 会加载该设备的 MBR，该记录位于设备的第一个扇区，包含引导加载程序和分区表。

(5) 引导加载程序。MBR 中的引导加载程序负责加载操作系统的引导加载程序(Bootloader)。在 Legacy BIOS 模式下，通常是 GRUB 或 NTLDR 等。

(6) 加载操作系统。引导加载程序负责加载操作系统的核心(Kernel)和其他必要的文件，从而完成操作系统的启动。

9.1.2 UEFI

UEFI(Unified Extensible Firmware Interface，统一可扩展固件接口)是传统 BIOS 的替代品，它在 2000 年左右开始逐渐取代传统 BIOS，成为新一代计算机启动标准。UEFI 使用基于 64 位的长模式(Long Mode)，可以支持更大内存容量和更高性能。它提供了更丰富的功能和更友好的用户界面，支持鼠标操作和图形界面。UEFI 引导加载程序通常能够理解更多种类的文件系统，如 FAT32、NTFS 等。

UEFI 的运作过程如下。

(1) 电源启动。与传统 BIOS 相同，计算机通电后，主板上的 UEFI 固件开始运行。

(2) 自检和初始化。UEFI 会进行自检，检测硬件，并初始化系统环境，包括图形输出和输入设备。

(3) 启动设备选择。UEFI 通过 UEFI 固件接口(EFI)来检查和识别所有连接的启动设备，如硬盘、SSD、光驱、USB 等。

(4) EFI 系统分区。UEFI 需要系统中的硬盘有一个特定格式的分区，称为 EFI 系统分区。这个分区会包含引导加载程序和一些配置文件。

(5) UEFI 引导管理器。UEFI 引导加载程序将会显示一个启动管理器，列出所有可用的操作系统和启动选项。

(6) 加载操作系统。当用户选择一个特定的启动选项时，UEFI 引导加载程序会加载相应的操作系统引导加载程序，然后由操作系统引导加载程序来加载操作系统的核心和其他文件，完成启动过程。

综上所述，Legacy BIOS 是传统的启动模式，采用 16 位或 32 位实模式，简单且对硬件要求低；在开机时需要进行自检，启动过程较复杂；传统的 BIOS 无法识别 GPT 分区表，只能识别 MBR 分区表。而 UEFI 启动模式，采用 64 位长模式，功能更丰富且支持更大内存和更高性能。UEFI 提供了更好的用户界面和更多的文件系统支持，可以直接从预启动的操作环境加载操作系统，简化了开机过程，有效地提高了启动速度。UEFI 可以同时识别 GPT 和 MBR 分区表，成为新一代计算机启动的标准。

9.2 磁盘分区表的两种类型

磁盘分区表是计算机硬盘上用于存储分区信息的数据结构。在主流操作系统中，常见的两种磁盘分区表类型为 MBR 和 GPT。它们在分区管理和支持的磁盘容量等方面有一些区别。

9.2.1 MBR 磁盘分区表

MBR(Master Boot Record)，即主引导记录或主引导扇区磁盘分区表，是较早引入的磁盘分区表类型，最初在 IBM PC 和兼容计算机上广泛使用。

MBR 主引导记录是计算机开机后必须读取的首个扇区，它在硬盘上的三维地址为(0

柱面，0 磁头，1 扇区)。MBR 中记录着磁盘本身的相关信息以及磁盘各个分区的大小及位置信息。

硬盘中扇区的大小一般为 512 字节(byte，B)。本地硬盘启动会读取硬盘的第一个扇区(512 字节)，存放着主引导记录 MBR。

MBR 结构包含以下内容。

(1) 启动加载程序(Bootloader)：占据 MBR 的前 446 字节。启动加载程序负责引导操作系统，它会加载操作系统引导加载程序，并将控制权转交给操作系统。

(2) 磁盘分区表：占据 MBR 的后 64 字节。磁盘分区表记录了磁盘上的分区信息，每个分区表项需要 16 字节来存储，因此 MBR 结构最多能记录 4 个主分区的信息。

(3) 结束标志：占据 MBR 的最后 2 字节，用于标记 MBR 的结尾。

由于 MBR 分区方案使用 4 字节来存储分区的总扇区数，最大能表示 2^{32} 的扇区个数。按每个扇区 512 字节计算，每个分区最大不能超过 2TB(2^{32} 扇区×512B)。因此，MBR 分区方案无法支持超过 2TB 的磁盘容量。

综上所述，MBR 是计算机硬盘上的首个扇区，其中包含启动加载程序和磁盘分区表。由于其设计限制，MBR 分区方案最多支持 4 个主分区，并且无法支持超过 2TB 的磁盘容量。随着硬盘容量的不断增大，GPT 分区方案取代了 MBR，成为现在操作系统推荐的磁盘分区表类型，可以支持更大的磁盘容量和更多的分区。

9.2.2 GPT 磁盘分区表

GPT(GUID Partition Table)，即全局唯一标识磁盘分区表，是一种更先进的磁盘组织方案，主要用于 UEFI 启动的计算机。GPT 采用了全局唯一标识(GUID)来标识磁盘上的分区，相较于传统的 MBR 分区表，GPT 提供了更多的灵活性和功能。

(1) 自定义分区数量。GPT 有自己的分区表，并且在 GPT 分区表的头部可以自定义分区数量的最大值。这意味着可以灵活设置分区数量，而不像 MBR 最多只能支持 4 个主分区。例如，Windows 设定的 GPT 最大分区数量为 128 个，这使得在大型存储设备上能够划分更多的分区。

(2) 支持大容量磁盘。GPT 分区方案中逻辑地址采用 64 位二进制数表示，可以表示 2^{64} 个地址。虽然目前的硬盘容量不可能达到 2^{64} 个地址，但这样的设计突破了 MBR 的限制，使分区上限大大超过了 2TB。对于 512 字节的扇区大小，GPT 可以支持的最大容量为 8ZB(2^{64} x 512B)，这使 GPT 非常适合应对现在大容量硬盘的需求。

(3) 备份分区表。GPT 分区方案在磁盘的末端还有一个备份分区表。这个备份分区表是对主分区表的完整复制，通过这个备份分区表，可以保证分区信息的冗余性，即使主分区表损坏或丢失，也能从备份分区表中恢复分区信息。这一特性大大提高了数据的可靠性和安全性。

综上所述，GPT 是一种先进的磁盘分区方案，通过全局唯一标识(GUID)标识分区，支持自定义分区数量，突破了 2TB 的分区上限，适应了现在大容量硬盘的需求。同时，备份分区表的存在确保了分区信息的冗余和数据的可靠性。GPT 取代了 MBR 成为现在操作系统推荐的磁盘分区表类型，特别是在使用 UEFI 启动的计算机上。

9.3 Linux 下的磁盘与分区的表示方法

在 Linux 系统下，磁盘和分区是通过设备文件进行表示的，这些设备文件位于/dev 目录下。每个磁盘和分区都有一个对应的设备文件，用于访问和管理其内容。下面详细讲解磁盘和分区的表示方法，并通过示例说明。

9.3.1 磁盘的表示方法

在 Linux 系统中，磁盘可以使用不同类型的设备文件名来表示，具体取决于使用的驱动程序和设备类型。下面是"/dev/sdX"、"/dev/hdX"和"/dev/vdX"等类型的磁盘表示方法。

(1) /dev/sdX。这是最常见的磁盘设备文件名表示方法。sd 代表 SCSI 磁盘，但实际上它也适用于其他类型的块设备，如 SATA、SAS 和 USB 磁盘。X 是一个字母，表示不同的磁盘，如"/dev/sda"、"/dev/sdb"等。如果一个磁盘有多个分区，那么分区的设备文件名将在末尾添加一个数字，如"/dev/sda1"表示第一块磁盘的第一个分区。

(2) /dev/hdX。在过去，IDE(Integrated Drive Electronics)设备使用这种命名方式，其中 hd 代表硬盘。然而，随着 SATA 取代了 IDE 接口，这种命名方式逐渐淘汰。在现在 Linux 系统中，很少见到/dev/hdX 这样的设备文件名。

(3) /dev/vdX。这种设备文件名通常用于虚拟化环境中，特别是在使用 KVM(Kernel-based Virtual Machine)虚拟化时。vd 代表虚拟磁盘，X 是一个字母，表示不同的虚拟磁盘，如"/dev/vda"、"/dev/vdb"等。如果虚拟磁盘有多个分区，分区的设备文件名将在末尾添加一个数字，如"/dev/vda1"表示第一个虚拟磁盘的第一个分区。

(4) 其他类型。除了上述常见的设备文件名表示方法外，还可能涉及其他类型的设备。例如，"/dev/nvmeXnY"表示 NVMe 设备(一种高性能固态硬盘)的第 n 个命名空间(Namespace)中的第 Y 个分区。

需要注意的是，"/dev/sdX"是目前最常见的磁盘设备文件名表示方法，在大多数 Linux 系统中都会使用。而"/dev/hdX"主要在较旧的 Linux 系统和一些非 x86 架构的系统中才会遇到。"/dev/vdX"通常用于虚拟化环境，如使用 KVM 或 Xen 等虚拟化技术的服务器。不同类型的设备文件名可能在不同的 Linux 发行版或配置中出现，但这些表示方法都是用来标识和访问不同类型的磁盘和分区的重要方式。

9.3.2 分区的表示方法

磁盘可以被划分成不同的分区，每个分区可以视为独立的逻辑存储空间。分区在Linux中以设备文件"/dev/sdXY"表示，其中X代表磁盘编号，Y代表分区编号。例如，第一个磁盘的第一个分区表示为"/dev/sda1"，第二个磁盘的第三个分区表示为"/dev/sdb3"。

分区编号从1开始，因为每个磁盘至少会有一个主分区。此外，还可以使用扩展分区(Extended Partition)来划分更多的逻辑分区(Logical Partition)。

例如，假设对第一个磁盘"/dev/sda"进行了分区，划分为两个主分区和一个扩展分区，扩展分区又包含两个逻辑分区。那么它们在Linux系统中的设备文件表示如下。

第一个主分区：/dev/sda1。

第二个主分区：/dev/sda2。

扩展分区：/dev/sda3。

第一个逻辑分区：/dev/sda5。

第二个逻辑分区：/dev/sda6。

注意

扩展分区本身不存储数据，它只是用来容纳更多的逻辑分区。

9.3.3 文件系统的表示方法

文件系统是对分区进行格式化后的结果，它指定了数据在分区中的组织方式。在Linux系统中，不同的文件系统类型有不同的标识。

例如，假设对第一个磁盘的第一个主分区"/dev/sda1"和第二个主分区"/dev/sda2"分别创建了Ext4文件系统和NTFS文件系统。那么它们在Linux系统中的设备文件表示如下。

Ext4 文件系统："/dev/sda1"可以挂载到目录"/mnt/mydata"上，成为"/mnt/mydata"文件夹下的文件系统。

NTFS 文件系统："/dev/sda2"可以挂载到目录"/mnt/windows"上，成为"/mnt/windows"文件夹下的文件系统。

在挂载完成后，用户就可以在相应的挂载点"/mnt/mydata"和"/mnt/windows"上读写访问数据了。

综上所述，在Linux系统下，磁盘和分区通过设备文件来表示。磁盘以"/dev/sdX"的形式表示，分区以"/dev/sdXY"的形式表示，其中X代表磁盘编号，Y代表分区编号。通过对分区创建适当的文件系统并挂载到目录，用户可以在Linux系统中访问和管理磁盘和分区的数据。

9.3.4 MBR 磁盘分区表的特点

在 MBR 类型的磁盘分区中，有 3 种类型的分区，即主分区、扩展分区和逻辑分区。这种分区方式是较旧的方式，现在操作系统一般使用 GPT 作为更强大和灵活的分区方案。然而，了解 MBR 类型分区仍然有助于理解历史和某些旧系统的配置。

1. 主分区(Primary Partition)

主分区是 MBR 分区表中的基本分区类型。一个 MBR 磁盘最多可以有 4 个主分区，每个主分区可以包含一个文件系统。主分区是启动操作系统的分区类型，其中一个主分区被标记为“活动”，以指示它包含主引导记录(Master Boot Record)，并且在系统启动时将被用来引导操作系统。

在 MBR 分区表中，前 4 个分区条目被视为主分区，分区号分别为 1、2、3 和 4。

2. 扩展分区(Extended Partition)

由于 MBR 分区表最多只能容纳 4 个分区条目，有时用户需要更多的分区。为了打破这个限制，引入了扩展分区。扩展分区本身并不包含文件系统数据，而是允许在其内部创建更多的逻辑分区。

一个 MBR 磁盘只能有一个扩展分区。它占用主分区的一个位置，因此在使用扩展分区时，只能有 3 个主分区。

3. 逻辑分区(Logical Partition)

在扩展分区内部，可以创建多个逻辑分区。逻辑分区也可以包含文件系统数据，就像主分区一样。这种方式允许用户在一个 MBR 磁盘上创建更多的分区，解决了主分区数量的限制。

逻辑分区的分区号从 5 开始，例如，第一个逻辑分区为 5，第二个为 6，以此类推。

例如，假设有一个使用 MBR 分区表的硬盘，它有以下分区设置。

主分区 1(主引导分区)：包含 Windows 操作系统的 NTFS 文件系统，设备文件为"/dev/sda1"。

主分区 2：包含 Linux 操作系统的 Ext4 文件系统，设备文件为"/dev/sda2"。

主分区 3：用于数据存储，格式化为 FAT32 文件系统，设备文件为"/dev/sda3"。

扩展分区 4：用于创建更多分区的容器，设备文件为"/dev/sda4"。

在扩展分区"/dev/sda4"内，创建了以下两个逻辑分区。

逻辑分区 5：用于备份数据，格式化为 Ext4 文件系统，设备文件为"/dev/sda5"。

逻辑分区 6：用于存储多媒体文件，格式化为 NTFS 文件系统，设备文件为"/dev/sda6"。

通过这种配置，在 MBR 分区表上成功创建了 6 个分区(3 个主分区、一个扩展分区和两个逻辑分区)，同时利用了扩展分区的容量来划分额外的逻辑分区。

4. MBR 分区表的相关结论

MBR 分区表最多支持 4 个主分区。

扩展分区是一种特殊的主分区类型，在其内部可以划分多个逻辑分区。

扩展分区的大小=各个逻辑分区大小之和+未划分的扩展分区大小

只有主分区和逻辑分区才能用于存储文件系统数据，扩展分区本身并不存储数据。

当分区个数少于 4 个时，剩余空间为磁盘的总容量减去所有主分区的容量之和。

当分区个数超过 4 个时，剩余空间为磁盘的总容量减去扩展分区大小以及所有逻辑分区的容量之和。

5. GPT 分区表的相关结论

GPT 分区表中，对主分区个数是没有限制的，可以定义更多的主分区，而不仅限于 128 个。主分区在 GPT 分区表中没有数量上限。

GPT 分区表支持的单个分区容量极为庞大，可以超过 2TB。GPT 分区表使用的 64 位整数来表示分区大小，因此理论上支持最大容量为 2^{64} 个逻辑块。每个逻辑块大小一般为 512 字节或更大，因此分区的最大容量受制于逻辑块大小。

9.4 在 VMware 中为虚拟机添加磁盘的方法

9.4.1 在 VMware 中为虚拟机添加磁盘的步骤

在 VMware 中为虚拟机添加一块磁盘，需要在虚拟机关闭的情况下进行操作。下面是一般步骤。

(1) 关闭虚拟机。确保虚拟机处于关机状态，否则将无法生效。

(2) 打开 VMware 管理器。使用 VMware Workstation 或 VMware Fusion(如果在 MacOS 上)等管理工具打开。

(3) 选择虚拟机。在虚拟机列表中选择要添加磁盘的虚拟机。

(4) 编辑虚拟机设置。在 VMware 管理器中，选择菜单中的 Edit virtual machine settings (编辑虚拟机设置)命令，然后会弹出“虚拟机设置”对话框。

(5) 添加硬盘。在“虚拟机设置”对话框中，单击“添加”按钮，然后选择“硬盘”选项。

(6) 选择磁盘类型。VMware 提供两种硬盘类型，即新的虚拟硬盘(新建虚拟磁盘文件)或使用现有的虚拟硬盘(连接到现有虚拟磁盘文件)。根据需要选择适当的选项。

(7) 设置磁盘大小。根据需要设置磁盘的大小。可以选择设置一个固定大小的磁盘或者允许虚拟磁盘文件根据需要动态增长。

(8) 选择磁盘文件位置。如果选择新建虚拟磁盘文件，则选择保存该文件的位置和文件名。如果连接到现有虚拟磁盘文件，则浏览并选择现有的虚拟磁盘文件。

(9) 完成设置。完成硬盘添加设置后，单击“确定”按钮，保存更改并关闭“虚拟机设置”对话框。

(10) 启动虚拟机。现在，可以启动虚拟机并使用操作系统的工具来识别和格式化新添加的磁盘。

9.4.2 在 VMware 中为虚拟机添加磁盘的实例测试

在 VMware Workstation 的菜单栏中选择“虚拟机”→“设置”命令，在弹出的“虚拟机设置”对话框中单击下方的“添加”按钮，在弹出的“硬件类型”对话框中选择硬件类型为“硬盘”，单击“下一步”按钮，如图 9-1 所示。

图 9-1 添加硬件类型

接下来会出现“选择磁盘类型”对话框，在这里需要选择添加的磁盘类型，按照默认的推荐选中 SCSI 单选按钮，单击“下一步”按钮，如图 9-2 所示。

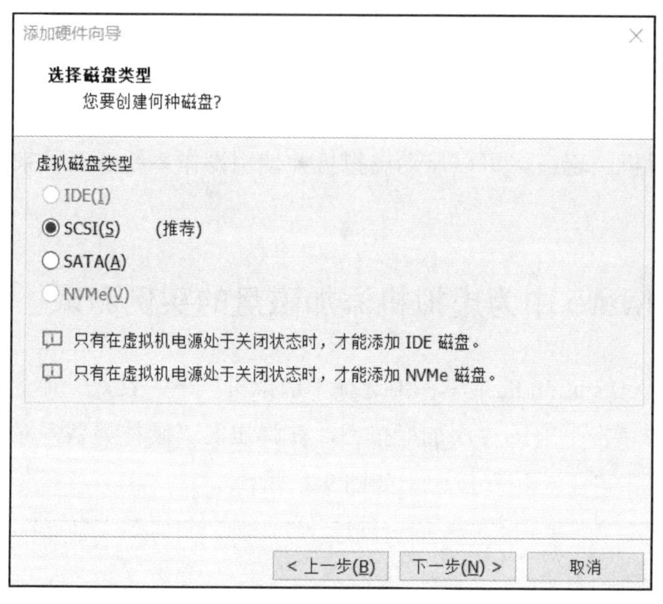

图 9-2　选择磁盘类型

在弹出的对话框中选中“创建新虚拟磁盘”单选按钮，如图 9-3 所示。

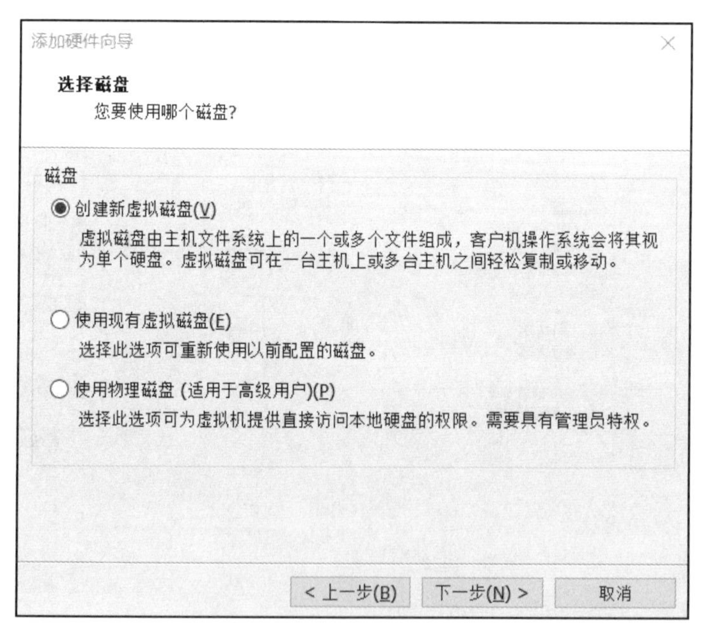

图 9-3　选择磁盘

设置新添加的磁盘大小，这里设置为默认的 20GB，如图 9-4 所示。

添加完虚拟磁盘后，在虚拟机硬件设置界面可以看到有两块磁盘，如图 9-5 所示。

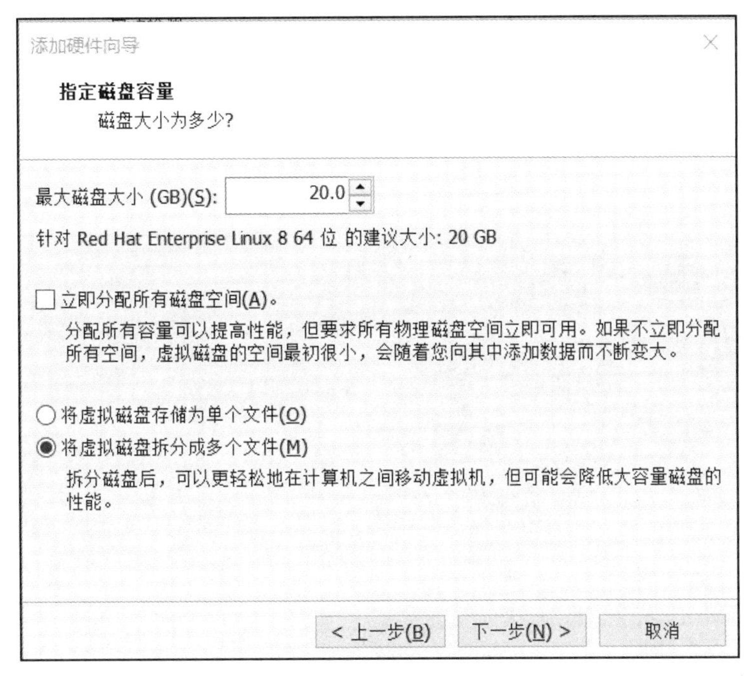

图 9-4　设置虚拟磁盘大小

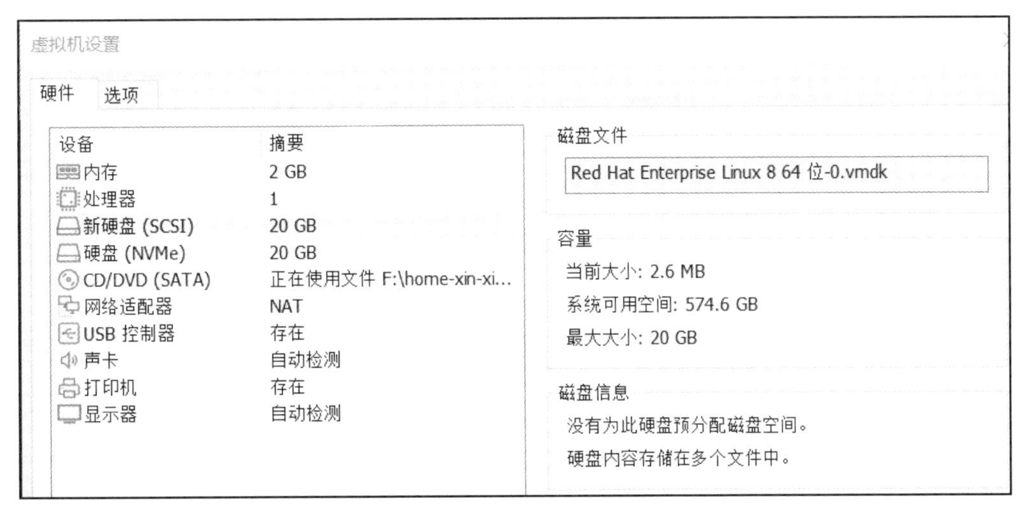

图 9-5　虚拟机硬件设置界面

此时，重新启动虚拟机，发现添加了一块虚拟磁盘的 Linux 系统无法启动，如图 9-6 所示(如果可以正常启动系统则跳过此步)。

无法启动的原因是 BIOS 启动顺序设置不当，需要修改 BIOS 硬件设备的启动顺序。先将该虚拟机关闭，然后单击工具栏上的“启动”按钮右边的小三角图标，在打开的子菜单中选择“打开电源时进入固件”命令，如图 9-7 所示。

此时，虚拟机会进入“BIOS 启动顺序”设置界面，选择 Boot 菜单设置启动顺序，如图 9-8 所示。

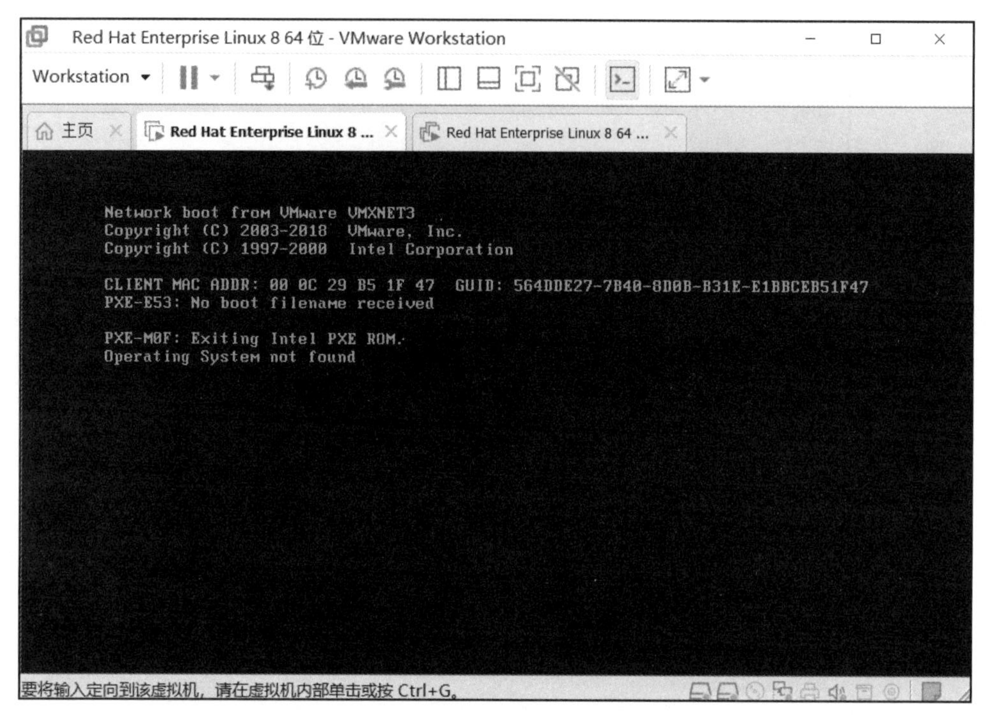

图 9-6　Linux 虚拟机无法启动界面

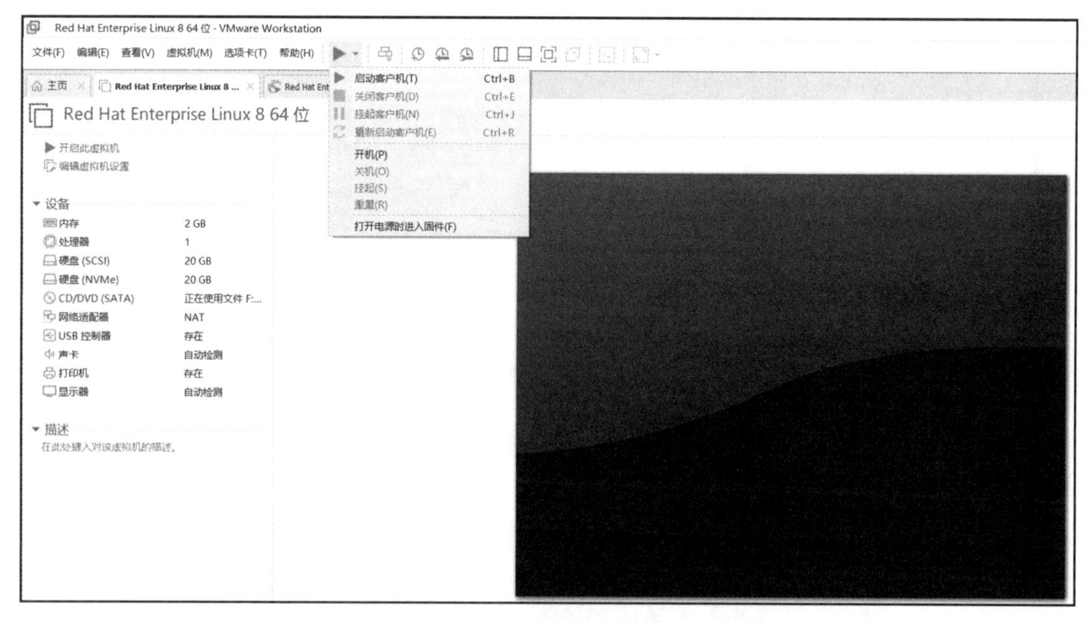

图 9-7　选择“打开电源时进入固件”命令

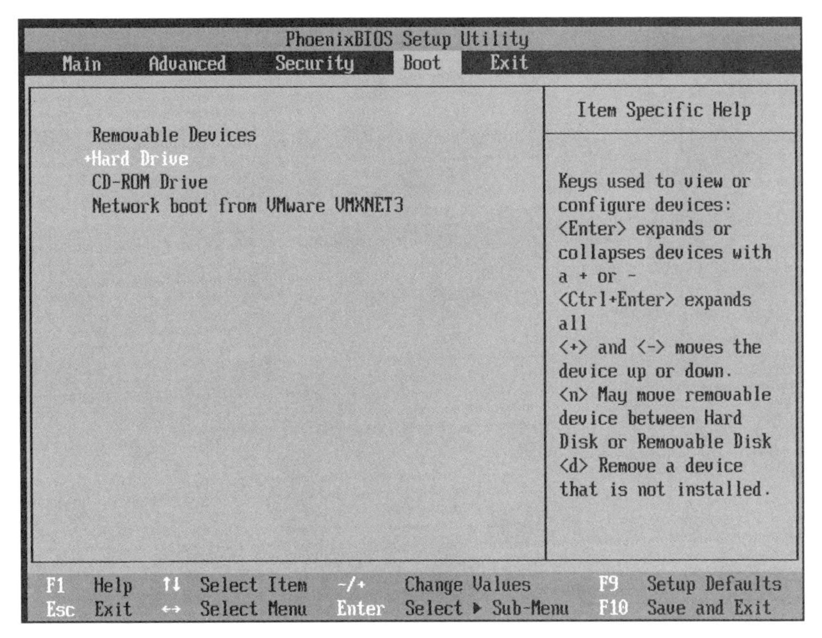

图 9-8 设置 BIOS 启动顺序 1

单击“-Hard Drive”，将“NVMe(B:0.0:1)”设置为第一项，将“VMware Virtual SCSI Hard Drive(0:0)”设置为第二项，如图 9-9 所示，最后按键盘上的 F10 键存盘退出。

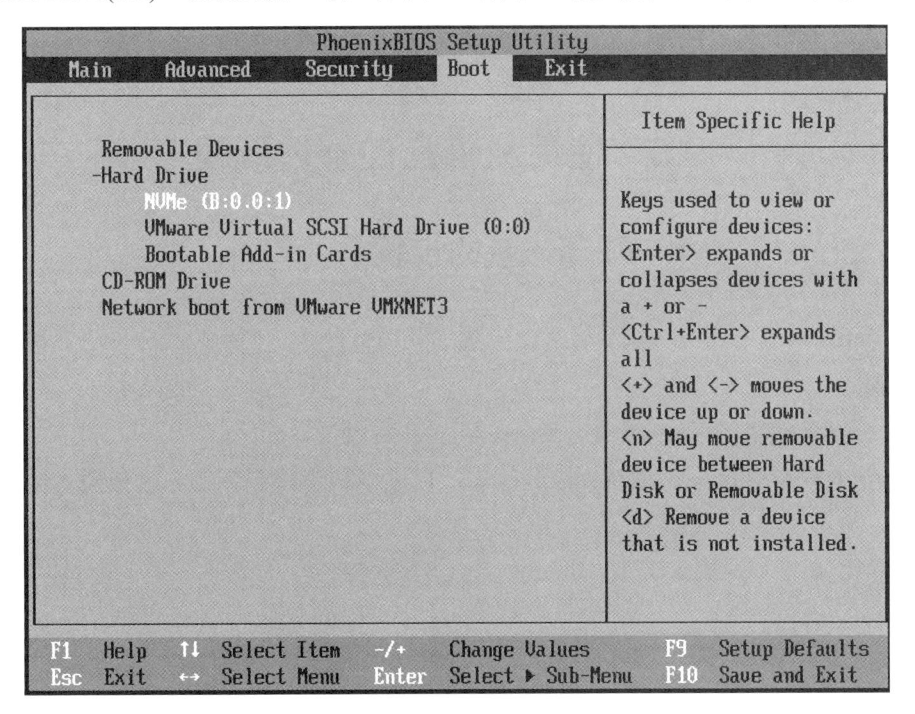

图 9-9 设置 BIOS 启动顺序 2

再次引导 Linux 虚拟机，此时就可以正常启动了。系统启动后，在终端窗口执行“fdisk –l”命令查看磁盘分区信息。可以看到，除了系统磁盘"/dev/nvme0n1"(第一块固态硬盘)外，系统还识别出了一块容量为 20GB 的新的 SCSI 类型的磁盘"/dev/sda"，没有进行过分区，如图 9-10 所示。

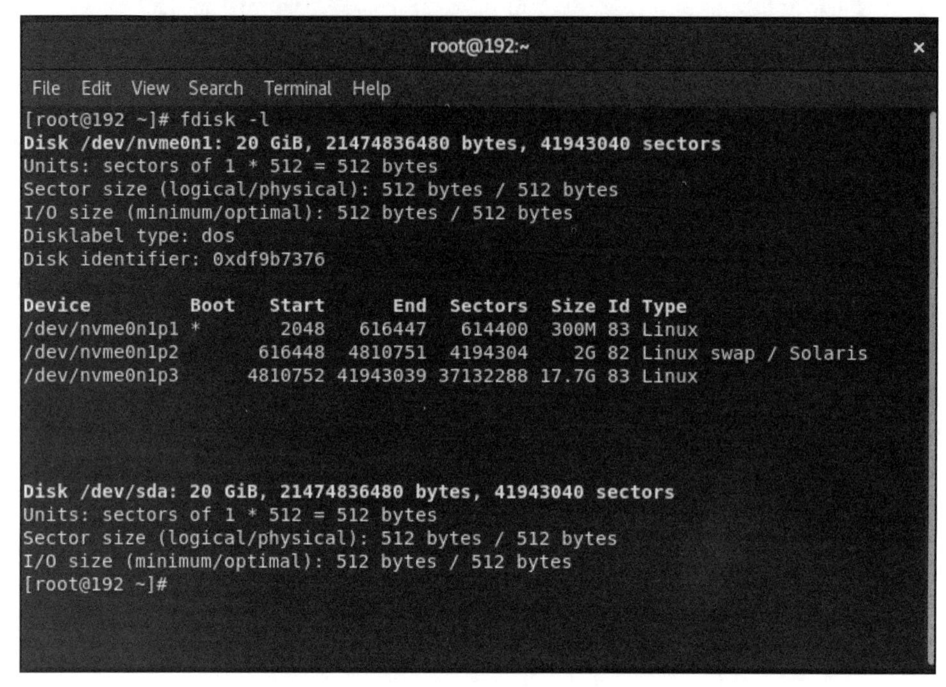

图 9-10 使用“fdisk-l”命令查看磁盘信息

9.5 使用新磁盘的整体流程

9.5.1 Linux 下使用一块新磁盘的步骤

在 Linux 系统中使用一块新磁盘的步骤主要包括分区、更新磁盘分区表、格式化、挂载和使用。

(1) 分区。使用工具(如 fdisk、parted 等)对新磁盘进行分区。

(2) 更新磁盘分区表。重新读取分区表，以便内核意识到新的分区结构。使用以下命令之一：

```
partprobe /dev/sdX
# 或者
partx -u /dev/sdX
```

(3) 格式化。对新创建的分区进行格式化，以创建文件系统。在此示例中使用 Ext4 文件系统进行格式化：

```
mkfs.ext4 /dev/sdX
```

这将在"/dev/sdX"分区上创建一个 Ext4 文件系统。

在 Linux 系统下，常用的格式化命令主要是用来创建文件系统的。下面是一些常见的格式化命令和示例。

① mkfs.ext4：用于创建 Ext4 文件系统，这是 Linux 系统中最常用的文件系统类型。例如：

```
mkfs.ext4 /dev/sdX1
```

这会在"/dev/sdX1"分区上创建一个 Ext4 文件系统。

② mkfs.ext3：用于创建 Ext3 文件系统，这是一种较为旧的文件系统类型，向后兼容 Ext2。例如：

```
mkfs.ext3 /dev/sdX2
```

这会在"/dev/sdX2"分区上创建一个 Ext3 文件系统。

③ mkfs.ext2：用于创建 Ext2 文件系统，是一种较为旧的文件系统类型。例如：

```
mkfs.ext2 /dev/sdX3
```

这会在"/dev/sdX3"分区上创建一个 Ext2 文件系统。

④ mkfs.xfs：用于创建 XFS 文件系统，适用于大型文件系统和高性能要求。例如：

```
mkfs.xfs /dev/sdX4
```

这会在"/dev/sdX4"分区上创建一个 XFS 文件系统。

⑤ mkfs.btrfs：用于创建 Btrfs 文件系统，它支持快照和数据压缩等高级功能。例如：

```
mkfs.btrfs /dev/sdX5
```

这会在"/dev/sdX5"分区上创建一个 Btrfs 文件系统。

⑥ mkfs.fat：用于创建 FAT 文件系统，通常用于兼容多个操作系统的可移动存储设备。例如：

```
mkfs.fat -F32 /dev/sdX6
```

这会在"/dev/sdX6"分区上创建一个 FAT32 文件系统。

⑦ mkswap：用于创建 Linux 的 swap 分区，用于虚拟内存交换空间。例如：

```
mkswap /dev/sdX7
```

这会在"/dev/sdX7"分区上创建一个 swap 分区。

⑧ mkfs.vfat：用于创建 VFAT(FAT32)文件系统，通常用于兼容多个操作系统的可移动存储设备。例如：

```
mkfs.vfat /dev/sdX8
```

这会在"/dev/sdX8"分区上创建一个 VFAT(FAT32)文件系统。

⑨ mkfs.ntfs：用于创建 NFTS 文件系统，通常用于兼容多个操作系统的可移动存储设备。

在 Linux 系统中，要格式化为 NTFS 文件系统，需要使用 mkfs.ntfs 命令。这个命令通常需要安装 ntfs-3g 软件包，因为 NTFS 不是 Linux 内核默认支持的文件系统。下面是格式化为 NTFS 文件系统的示例。

安装 ntfs-3g 软件包：如果尚未安装 ntfs-3g 软件包，需要先安装它。使用适合你的 Linux 发行版的包管理器执行安装命令：

```
yum -y install ntfs-3g
```

格式化为 NTFS：使用 mkfs.ntfs 命令来格式化分区为 NTFS 文件系统。例如，格式化为 NTFS 文件系统的命令如下：

```
mkfs.ntfs /dev/sdX9
```

注意，NTFS 文件系统对于只读操作来说，Linux 内核提供了基本支持。然而，要进行读写操作，需要安装 ntfs-3g 软件包，它提供了对 NTFS 文件系统的完整读、写支持。

(4) 手动挂载。创建一个目录作为挂载点，并将新分区挂载到该目录。例如，创建一个名为"/mnt/data"的目录作为挂载点：

```
mkdir /mnt/data
mount /dev/sdX1 /mnt/data
```

(5) 自动挂载(可选)。默认情况下，重新启动后新挂载的分区会被取消挂载。为了实现自动挂载，需要在"/etc/fstab"文件中添加相应的挂载信息。编辑该文件并添加类似以下内容：

```
/dev/sdX1   /mnt/data   ext4   defaults   0  0
```

(6) 使用。现在，新磁盘的分区已经挂载到"/mnt/data"目录上。可以将数据复制或移动到该目录，数据将存储在新磁盘的分区中：

```
cp /path/to/source /mnt/data/
# 或者
mv /path/to/source /mnt/data/
```

注意，这里的示例使用的是"/dev/sdX"和"/dev/sdX1"，实际上，X 和分区号 1 可能会根据磁盘情况而有所不同。确保在执行上述步骤时使用正确的设备标识和分区号。另外，务必谨慎操作，以免误操作导致数据丢失。

9.5.2 Linux 下使用一块新磁盘的实例测试

在 Linux 系统下，根据系统当前的磁盘情况，选择合适的磁盘，创建大小为 100MB、

200MB、300MB、400MB 和 500MB 的 5 个磁盘分区，分别格式化成 xfs、ext4、ext3、fat32 和 SWAP 类型，将前 3 个分区开机自动挂载到"/mnt/111"、"/mnt/222"、"/mnt/333"目录上。

(1) 查看磁盘信息。运行“fdisk -l”命令查看磁盘信息，如图 9-11 所示。可以看到，识别出有两块磁盘，分别是固态磁盘"/dev/nvme0n1"和 SCSI 类型磁盘"/dev/sda"，大小均为 20GB。其中磁盘"/dev/sda"是之前新添加的磁盘。

```
[root@192 ~]# fdisk -l
Disk /dev/nvme0n1: 20 GiB, 21474836480 bytes, 41943040 sectors
Units: sectors of 1 * 512 = 512 bytes
Sector size (logical/physical): 512 bytes / 512 bytes
I/O size (minimum/optimal): 512 bytes / 512 bytes
Disklabel type: dos
Disk identifier: 0xdf9b7376

Device         Boot   Start      End  Sectors  Size Id Type
/dev/nvme0n1p1 *       2048   616447   614400  300M 83 Linux
/dev/nvme0n1p2       616448  4810751  4194304    2G 82 Linux swap / Solaris
/dev/nvme0n1p3      4810752 41943039 37132288 17.7G 83 Linux




Disk /dev/sda: 20 GiB, 21474836480 bytes, 41943040 sectors
Units: sectors of 1 * 512 = 512 bytes
Sector size (logical/physical): 512 bytes / 512 bytes
I/O size (minimum/optimal): 512 bytes / 512 bytes
[root@192 ~]#
```

图 9-11 使用“fdisk -l”命令查看磁盘信息

当在 Linux 系统中执行“fdisk -l”命令时，会显示有关磁盘分区的信息。下面是“fdisk -l”命令输出的每个字段的含义。

Device：分区设备文件名，也称为磁盘分区名。

Boot：标记该分区是否可引导(*表示可引导)。

Start：分区的起始扇区。

End：分区的结束扇区。

Sectors：分区包含的扇区数。

Size：分区的大小。

Id：分区类型标识符(ID)，用于指示分区的文件系统类型或其他属性。

System：分区的文件系统类型。

(2) 分区。使用 fdisk 命令对磁盘"/dev/sda"进行分区，命令如下：

```
fdisk /dev/sda
```

在 fdisk 界面中，按键盘上的 N 键创建一个新分区，然后按照提示输入分区的大小。

注意，在“+”后面输入分区大小时，需确保使用正确的单位(M 表示兆字节，G 表示千兆字节)。根据需求，可分别创建大小为 100MB、200MB、300MB、400MB 和 500MB 的 5 个分区。例如，分别输入以下信息：

```
n
Partition type: p  primary (0 primary, 0 extended, 4 free)
Partition number (1-4, default 1): 1
First sector (2048-41943039, default 2048):
Last sector, +sectors or +size{K,M,G,T,P} (2048-41943039, default
41943039): +100M
```

重复上述步骤，依次创建其他分区，分别设置大小为 200MB、300MB，如图 9-12 所示。

```
Command (m for help): n
Partition type
   p   primary (2 primary, 0 extended, 2 free)
   e   extended (container for logical partitions)
Select (default p): p
Partition number (3,4, default 3): 3
First sector (616448-41943039, default 616448):
Last sector, +sectors or +size{K,M,G,T,P} (616448-41943039, default 41943039): +300M

Created a new partition 3 of type 'Linux' and of size 300 MiB.

Command (m for help): p
Disk /dev/sda: 20 GiB, 21474836480 bytes, 41943040 sectors
Units: sectors of 1 * 512 = 512 bytes
Sector size (logical/physical): 512 bytes / 512 bytes
I/O size (minimum/optimal): 512 bytes / 512 bytes
Disklabel type: dos
Disk identifier: 0xcb4abb29

Device     Boot  Start     End Sectors  Size Id Type
/dev/sda1         2048  206847  204800  100M 83 Linux
/dev/sda2       206848  616447  409600  200M 83 Linux
/dev/sda3       616448 1230847  614400  300M 83 Linux

Command (m for help): 
```

图 9-12　创建主分区

由于默认使用的是 MBR 磁盘分区表，主分区的个数最多只能是 4 个，所以在创建分区时，不能再新建主分区了，而要创建扩展分区，大小为磁盘的全部剩余空间，如图 9-13 所示。

在扩展分区中划分出两个逻辑分区，大小分别为 400MB 和 500MB，如图 9-14 所示。

(3) 保存并更新磁盘分区表。分区创建完成后，按键盘上的 w 键保存分区表并退出 fdisk。执行“partprobe /dev/sda”命令重新读取分区表，使 Linux 内核识别出新的磁盘分区信息，如图 9-15 所示。

```
Command (m for help): n
Partition type
   p   primary (3 primary, 0 extended, 1 free)
   e   extended (container for logical partitions)
Select (default e): e

Selected partition 4
First sector (1230848-41943039, default 1230848):
Last sector, +sectors or +size{K,M,G,T,P} (1230848-41943039, default 41943039):

Created a new partition 4 of type 'Extended' and of size 19.4 GiB.

Command (m for help): p
Disk /dev/sda: 20 GiB, 21474836480 bytes, 41943040 sectors
Units: sectors of 1 * 512 = 512 bytes
Sector size (logical/physical): 512 bytes / 512 bytes
I/O size (minimum/optimal): 512 bytes / 512 bytes
Disklabel type: dos
Disk identifier: 0xcb4abb29

Device     Boot   Start      End  Sectors  Size Id Type
/dev/sda1          2048   206847   204800  100M 83 Linux
/dev/sda2        206848   616447   409600  200M 83 Linux
/dev/sda3        616448  1230847   614400  300M 83 Linux
/dev/sda4       1230848 41943039 40712192 19.4G  5 Extended

Command (m for help):
```

图 9-13 创建扩展分区

```
Command (m for help): p
Disk /dev/sda: 20 GiB, 21474836480 bytes, 41943040 sectors
Units: sectors of 1 * 512 = 512 bytes
Sector size (logical/physical): 512 bytes / 512 bytes
I/O size (minimum/optimal): 512 bytes / 512 bytes
Disklabel type: dos
Disk identifier: 0xcb4abb29

Device     Boot   Start      End  Sectors  Size Id Type
/dev/sda1          2048   206847   204800  100M 83 Linux
/dev/sda2        206848   616447   409600  200M 83 Linux
/dev/sda3        616448  1230847   614400  300M 83 Linux
/dev/sda4       1230848 41943039 40712192 19.4G  5 Extended
/dev/sda5       1232896  2052095   819200  400M 83 Linux
/dev/sda6       2054144  3078143  1024000  500M 83 Linux

Command (m for help):
```

图 9-14 创建逻辑分区

```
Command (m for help): w
The partition table has been altered.
Calling ioctl() to re-read partition table.
Syncing disks.

[root@192 ~]# partprobe /dev/sda
[root@192 ~]# cat /proc/partitions
major minor  #blocks  name

 259        0   20971520 nvme0n1
 259        1     307200 nvme0n1p1
 259        2    2097152 nvme0n1p2
 259        3   18566144 nvme0n1p3
  11        0    1048575 sr0
   8        0   20971520 sda
   8        1     102400 sda1
   8        2     204800 sda2
   8        3     307200 sda3
   8        4          0 sda4
   8        5     409600 sda5
   8        6     512000 sda6
[root@192 ~]#
```

图 9-15　保存并更新磁盘分区表

执行“cat /proc/partitions”命令查看内存中的分区信息，可以看到，新创建的100MB～500MB 的 5 个分区都已经成功创建了。

(4) 格式化分区。按要求对每个分区进行格式化，以便创建文件系统，命令如下：

```
mkfs.xfs /dev/sda1
mkfs.ext4 /dev/sda2
mkfs.ext3 /dev/sda3
mkfs.vfat /dev/sda5
mkswap /dev/sda6
```

格式化"/dev/sda1"和"/dev/sda2"的效果如图 9-16 所示。

```
[root@192 ~]# mkfs.xfs /dev/sda1
meta-data=/dev/sda1              isize=512    agcount=4, agsize=6400 blks
         =                       sectsz=512   attr=2, projid32bit=1
         =                       crc=1        finobt=1, sparse=1, rmapbt=0
         =                       reflink=1
data     =                       bsize=4096   blocks=25600, imaxpct=25
         =                       sunit=0      swidth=0 blks
naming   =version 2              bsize=4096   ascii-ci=0, ftype=1
log      =internal log           bsize=4096   blocks=1368, version=2
         =                       sectsz=512   sunit=0 blks, lazy-count=1
realtime =none                   extsz=4096   blocks=0, rtextents=0
[root@192 ~]# blkid
/dev/nvme0n1: PTUUID="df9b7376" PTTYPE="dos"
/dev/nvme0n1p1: UUID="2d1ce290-93f2-45fc-adbf-363b411b6b9b" TYPE="xfs" PARTUUID="df9b7376-01"
/dev/nvme0n1p2: UUID="d57ac7a8-2e19-4803-b5c8-f04479a4636f" TYPE="swap" PARTUUID="df9b7376-02"
/dev/nvme0n1p3: UUID="df6607b0-e2f7-40e2-9f2e-9dc23d0e07fd" TYPE="xfs" PARTUUID="df9b7376-03"
/dev/sda1: UUID="e37163be-d740-4149-b948-9a7c234e60b9" TYPE="xfs" PARTUUID="cb4abb29-01"
/dev/sda2: PARTUUID="cb4abb29-02"
/dev/sda3: PARTUUID="cb4abb29-03"
/dev/sda5: PARTUUID="cb4abb29-05"
/dev/sda6: PARTUUID="cb4abb29-06"
[root@192 ~]# mkfs.ext4 /dev/sda2
mke2fs 1.44.3 (10-July-2018)
Creating filesystem with 204800 1k blocks and 51200 inodes
Filesystem UUID: 6b9f1902-3fb8-4969-85ff-e3b8b52943d0
Superblock backups stored on blocks:
        8193, 24577, 40961, 57345, 73729
```

图 9-16　格式化分区 1

格式化分区"/dev/sda3"、"/dev/sda5"和"/dev/sda6"的效果如图 9-17 所示。格式化完毕后，执行命令“blkid | grep /dev/sda”查看格式化完毕的磁盘分区的 UUID 信息。

```
[root@192 ~]# mkfs.ext3 /dev/sda3
mke2fs 1.44.3 (10-July-2018)
Creating filesystem with 307200 1k blocks and 76912 inodes
Filesystem UUID: ba22f731-a810-4b3d-bdf4-318f246433a4
Superblock backups stored on blocks:
        8193, 24577, 40961, 57345, 73729, 204801, 221185

Allocating group tables: done
Writing inode tables: done
Creating journal (8192 blocks): done
Writing superblocks and filesystem accounting information: done

[root@192 ~]# mkfs.vfat /dev/sda5
mkfs.fat 4.1 (2017-01-24)
[root@192 ~]# mkswap /dev/sda6
Setting up swapspace version 1, size = 500 MiB (524283904 bytes)
no label, UUID=6e813b22-fca5-4f20-ac47-c82096e66d08
[root@192 ~]# blkid | grep /dev/sda
/dev/sda1: UUID="e37163be-d740-4149-b948-9a7c234e60b9" TYPE="xfs" PARTUUID="cb4abb29-01"
/dev/sda2: UUID="6b9f1902-3fb8-4969-85ff-e3b8b52943d0" TYPE="ext4" PARTUUID="cb4abb29-02"
/dev/sda3: UUID="ba22f731-a810-4b3d-bdf4-318f246433a4" SEC_TYPE="ext2" TYPE="ext3" PARTUUID="cb
4abb29-03"
/dev/sda5: SEC_TYPE="msdos" UUID="A187-4584" TYPE="vfat" PARTUUID="cb4abb29-05"
/dev/sda6: UUID="6e813b22-fca5-4f20-ac47-c82096e66d08" TYPE="swap" PARTUUID="cb4abb29-06"
[root@192 ~]# 
```

图 9-17 格式化分区 2

执行“lsblk --fs /dev/sda”命令，查看磁盘"/dev/sda"上各个分区的详细信息，如图 9-18 所示。

```
[root@192 ~]# lsblk --fs /dev/sda
NAME   FSTYPE LABEL UUID                                 MOUNTPOINT
sda
├─sda1 xfs          e37163be-d740-4149-b948-9a7c234e60b9
├─sda2 ext4         6b9f1902-3fb8-4969-85ff-e3b8b52943d0
├─sda3 ext3         ba22f731-a810-4b3d-bdf4-318f246433a4
├─sda4
├─sda5 vfat         A187-4584
└─sda6 swap         6e813b22-fca5-4f20-ac47-c82096e66d08
[root@192 ~]# 
```

图 9-18 lsblk 命令效果

(5) 创建挂载目录。执行命令“mkdir /mnt/111”、“mkdir /mnt/222”和“mkdir /mnt/333”，创建挂载目录，如图 9-19 所示。

(6) 实现开机自动挂载。执行命令“vim /etc/fstab”，修改开机自动挂载文件"/etc/fstab"，修改后的内容如图 9-20 所示。注意，在图 9-20 中格式化好的磁盘都是用磁盘分区名表示的，如"/dev/sda1"，这里也可以使用 UUID 表示，效果相同。

```
[root@192 ~]# mkdir /mnt/111
[root@192 ~]# mkdir /mnt/222
[root@192 ~]# mkdir /mnt/333
[root@192 ~]# ll /mnt/
total 0
drwxr-xr-x. 2 root root 6 Jul 30 13:57 111
drwxr-xr-x. 2 root root 6 Jul 30 13:57 222
drwxr-xr-x. 2 root root 6 Jul 30 13:57 333
drwxr-xr-x. 2 root root 6 Jul 14 06:20 hgfs
[root@192 ~]# 
```

图 9-19　创建挂载目录

```
# /etc/fstab
# Created by anaconda on Thu Jul 13 15:18:22 2023
#
# Accessible filesystems, by reference, are maintained under '/dev/disk/'.
# See man pages fstab(5), findfs(8), mount(8) and/or blkid(8) for more info.
#
# After editing this file, run 'systemctl daemon-reload' to update systemd
# units generated from this file.
#
UUID=df6607b0-e2f7-40e2-9f2e-9dc23d0e07fd /                       xfs     defaults        0 0
UUID=2d1ce290-93f2-45fc-adbf-363b411b6b9b /boot                   xfs     defaults        0 0
UUID=d57ac7a8-2e19-4803-b5c8-f04479a4636f swap                    swap    defaults        0 0
/dev/sda1                                 /mnt/111                xfs     defaults        0 0
/dev/sda2                                 /mnt/222                ext4    defaults        0 0
/dev/sda3                                 /mnt/333                ext3    defaults        0 0
~
```

图 9-20　修改后的/etc/fstab 文件

执行命令“mount –a”模拟重启，让 Linux 内核读取"/etc/fstab"文件中的挂载信息。执行“df –Th”命令查看挂载结果信息，发现 3 个格式化好的磁盘分区"/dev/sda1"、"/dev/sda2"和"/dev/sda3"与 3 个目标目录"/mnt/111"、"/mnt/222"和"/mnt/333"已经成功关联起来了，如图 9-21 所示。

```
[root@192 ~]# vim /etc/fstab
[root@192 ~]# mount -a
[root@192 ~]# df -Th
Filesystem     Type      Size  Used Avail Use% Mounted on
devtmpfs       devtmpfs  890M     0  890M   0% /dev
tmpfs          tmpfs     904M     0  904M   0% /dev/shm
tmpfs          tmpfs     904M  9.4M  894M   2% /run
tmpfs          tmpfs     904M     0  904M   0% /sys/fs/cgroup
/dev/nvme0n1p3 xfs        18G  4.7G   14G  27% /
/dev/nvme0n1p1 xfs       295M  144M  152M  49% /boot
tmpfs          tmpfs     181M   16K  181M   1% /run/user/42
tmpfs          tmpfs     181M  4.0K  181M   1% /run/user/0
/dev/sda1      xfs        95M  6.0M   89M   7% /mnt/111
/dev/sda2      ext4      190M  1.6M  175M   1% /mnt/222
/dev/sda3      ext3      283M  2.1M  266M   1% /mnt/333
[root@192 ~]# 
```

图 9-21　查看挂载结果信息

真正的测试还需要重启系统后查看，执行 reboot 命令重启系统进行验证，看到 3 个分区已经和 3 个目标目录成功挂载，如图 9-22 所示。

```
[root@192 ~]# df -Th
Filesystem     Type      Size  Used Avail Use% Mounted on
devtmpfs       devtmpfs  890M     0  890M   0% /dev
tmpfs          tmpfs     904M     0  904M   0% /dev/shm
tmpfs          tmpfs     904M  9.4M  894M   2% /run
tmpfs          tmpfs     904M     0  904M   0% /sys/fs/cgroup
/dev/nvme0n1p3 xfs        18G  4.7G   14G  27% /
/dev/sda1      xfs        95M  6.0M   89M   7% /mnt/111
/dev/nvme0n1p1 xfs       295M  144M  152M  49% /boot
/dev/sda2      ext4      190M  1.6M  175M   1% /mnt/222
/dev/sda3      ext3      283M  2.1M  266M   1% /mnt/333
tmpfs          tmpfs     181M   16K  181M   1% /run/user/42
tmpfs          tmpfs     181M  4.0K  181M   1% /run/user/0
[root@192 ~]#
```

图 9-22　重启后测试挂载效果

(7) 使用磁盘分区。在挂载成功的目标目录中进行写操作，数据都是存储在该目录对应的底层磁盘分区中的，如图 9-23 所示。向"/mnt/111"中写入数据，这些数据的实际存储位置是"/dev/sda1"分区中。

```
[root@192 ~]# cd /mnt/111/
[root@192 111]# mkdir aaa
[root@192 111]# touch bbb.txt
[root@192 111]# ll
total 0
drwxr-xr-x. 2 root root 6 Jul 30 14:26 aaa
-rw-r--r--. 1 root root 0 Jul 30 14:26 bbb.txt
[root@192 111]# pwd
/mnt/111
[root@192 111]# df -Th | grep /mnt/111
/dev/sda1      xfs        95M  6.0M   89M   7% /mnt/111
[root@192 111]#
```

图 9-23　使用磁盘分区测试

(8) 卸载磁盘分区。如果某个磁盘分区用完了，可以手动卸载或者将其挂载行信息从开机自动挂载文件"/etc/fstab"中彻底删除(以后开机不会自动挂载)。

手动卸载的命令是“umount /mnt/111”。但要注意，执行该命令时不能处于卸载目录"/mnt/111"中，否则会提示出错，如图 9-24 所示。解决方法是，退出该目录即可进行卸载。

如果一个目标目录已经与其底层对应的磁盘分区没有任何联系了，则该目录中存储的数据也会丢失，直到重新将该目录与其底层存储数据的磁盘分区挂载好后才可使用。在图 9-24 中，使用了手动挂载命令“mount /dev/sda1 /mnt/111/”将目录/mnt/111 与底层磁盘分区"/dev/sda1"重新进行了挂载，这时，在目录"/mnt/111"中就又可以看到之前写入的数据了。

```
[root@192 111]# umount /mnt/111
umount: /mnt/111: target is busy.
[root@192 111]# cd
[root@192 ~]# umount /mnt/111
[root@192 ~]# df -Th | grep /mnt/111
[root@192 ~]# ll /mnt/111/
total 0
[root@192 ~]# mount /dev/sda /mnt/111/
mount: /mnt/111: /dev/sda already mounted or mount point busy.
[root@192 ~]# mount /dev/sda1 /mnt/111/
[root@192 ~]# df -Th | grep /mnt/111
/dev/sda1      xfs        95M  6.0M   89M   7% /mnt/111
[root@192 ~]# ll /mnt/111/
total 0
drwxr-xr-x. 2 root root 6 Jul 30 14:26 aaa
-rw-r--r--. 1 root root 0 Jul 30 14:26 bbb.txt
[root@192 ~]# 
```

图 9-24　卸载目录测试

注意

如果一个目录没有与指定的磁盘分区相关联，则其底层的存储空间来自于其父目录对应的磁盘分区，即如果向该目录中写入数据，数据是被写到其父目录对应的底层磁盘分区中的。

课 后 作 业

9-1　简述操作系统的两种启动模式 Legacy BIOS 和 UEFI 的工作原理。

9-2　简述 MBR 和 GPT 类型的磁盘分区的特点。

9-3　简述 MBR 类型的磁盘分区表中的主分区、扩展分区和逻辑分区的特点。

9-4　给出求磁盘剩余空间的两种计算公式。

9-5　简述使用新磁盘的整体流程。

第10章 Swap交换分区管理

本章知识点结构图

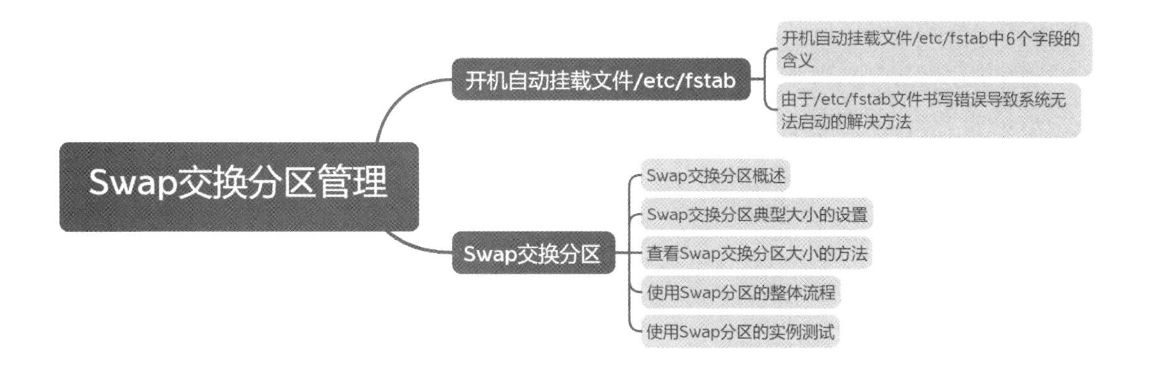

本章首先介绍了开机自动挂载文件"/etc/fstab"的作用及其包含的 6 个字段的含义。此外，还给出了由于此文件书写错误导致的系统无法启动的解决方法。然后对 Swap 交换分区进行了深入的探讨，包括 Swap 交换分区的作用、典型 Swap 分区大小的设置以及如何查看 Swap 分区等。最后通过实例测试，详细叙述了使用 Swap 分区的整体流程，展示了 Swap 分区在实际应用中的作用。

本章将帮助读者深入理解 Swap 交换分区的管理和使用，掌握在 Linux 系统中如何设置和配置 Swap 分区，从而优化系统的性能和增强系统稳定性。

10.1 开机自动挂载文件"/etc/fstab"

10.1.1 开机自动挂载文件"/etc/fstab"中 6 个字段的含义

在 Linux 系统中，"/etc/fstab"文件用于配置文件系统的挂载信息，从而实现开机自动挂载。"/etc/fstab"中每行表示一个文件系统挂载的配置，包含 6 个字段，它们的含义如下。

(1) 文件系统设备或 UUID：表示要挂载的文件系统的设备文件名或 UUID(Universally Unique Identifier，通用唯一识别码)。可以使用设备文件名(如"/dev/sda1")或 UUID(如 UUID=xxxxxxxx-xxxx-xxxx-xxxx-xxxxxxxxxxxx)，这是指定要挂载的分区或设备。

(2) 挂载点：表示文件系统将被挂载的目录。文件系统的内容将在该目录下显示和访问。

(3) 文件系统类型：表示文件系统的类型，如 Ext4、NTFS、VFAT 等，它指定了文件系统的格式。

(4) 挂载选项：包含一系列挂载选项，用逗号隔开。这些选项控制文件系统的挂载和访问方式。常见选项包括以下几个。

defaults：使用默认挂载选项。

noatime：不更新访问时间，可提高性能。

auto：开机自动挂载。

noauto：开机不自动挂载。

ro：只读挂载。

rw：读写挂载。

user：允许普通用户挂载和卸载。

noexec：不允许在该文件系统上执行可执行文件。

(5) dump 备份选项：用于备份工具的设置，一般不常用，通常设置为 0 或 1。如果设置为 1，表示应该备份该文件系统；如果设置为 0，则不备份。

(6) fsck 检查顺序：用于决定在系统启动时检查文件系统的顺序。一般设置为 0 表示不检查，设置为 1 表示先检查，设置为其他值表示按数字顺序检查。常用的根文件系统一般设置为 1，其他文件系统设置为 2。

例如：

```
UUID=xxxxxxxx-xxxx-xxxx-xxxx-xxxxxxxxxxxx  /mnt/data  ext4  defaults  0  2
/dev/sdb1  /mnt/backup  ext3  rw,noatime  1  1
```

上述示例中，第一行表示 UUID 为"xxxxxxxx-xxxx-xxxx-xxxx-xxxxxxxxxxxx"的 Ext4 文件系统将挂载到"/mnt/data"目录，使用默认挂载选项，不备份，启动时优先检查。第二行表示设备"/dev/sdb1"上的 Ext3 文件系统将挂载到"/mnt/backup"目录，使用读写挂载和不更新访问时间选项，需要备份，启动时优先检查。

10.1.2 由于"/etc/fstab"文件书写错误导致系统无法启动的解决方法

例如，将"/etc/fstab"文件中"/dev/sda2"的挂载记录写成以下形式(default)，如图 10-1 所示。

```
#
UUID=df6607b0-e2f7-40e2-9f2e-9dc23d0e07fd /              xfs     defaults        0 0
UUID=2d1ce290-93f2-45fc-adbf-363b411b6b9b /boot          xfs     defaults        0 0
UUID=d57ac7a8-2e19-4803-b5c8-f04479a4636f swap           swap    defaults        0 0
/dev/sda1                                 /mnt/111       xfs     default        0 0
/dev/sda2                                 /mnt/222       ext4    defaults        0 0
/dev/sda3                                 /mnt/333       ext3    defaults        0 0
```

图 10-1　开机自动挂载文件书写错误

重启系统，会导致系统无法正常引导，并显示如下信息：“Give root passwrod for maintenance(or press Control-D to continue):”，此时需要输入管理员 root 的密码，使系统进入挽救模式，如图 10-2 所示。

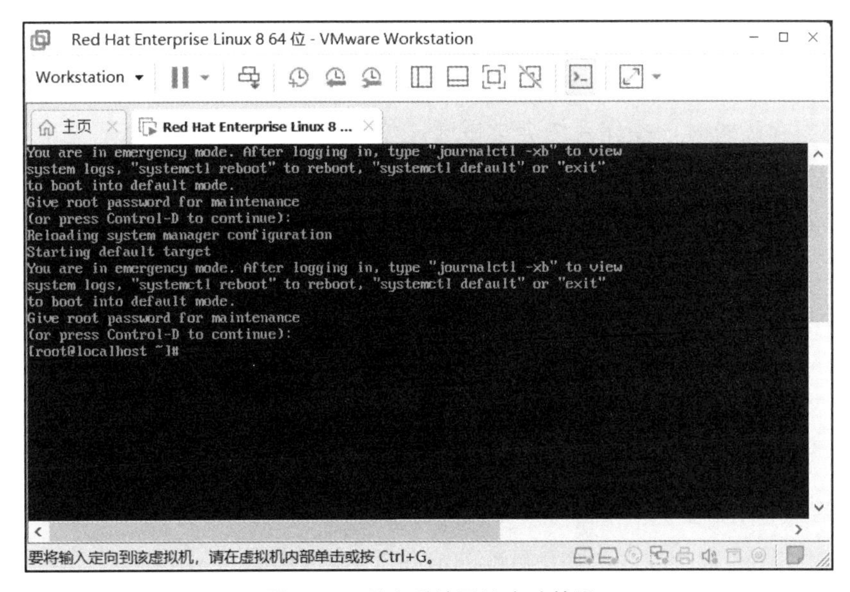

图 10-2　重启系统无法启动效果

在挽救模式下，执行命令“vim /etc/fstab”修改开启自动挂载文件，将 default 改为正确的 defaults，如图 10-3 所示。

```
#
# /etc/fstab
# Created by anaconda on Thu Jul 13 15:18:22 2023
#
# Accessible filesystems, by reference, are maintained under '/dev/disk/'.
# See man pages fstab(5), findfs(8), mount(8) and/or blkid(8) for more info.
#
# After editing this file, run 'systemctl daemon-reload' to update systemd
# units generated from this file.
#
UUID=df6607b0-e2f7-40e2-9f2e-9dc23d0e07fd /                       xfs     defaults        0 0
UUID=2d1ce290-93f2-45fc-adbf-363b411b6b9b /boot                   xfs     defaults        0 0
UUID=d57ac7a8-2e19-4803-b5c8-f04479a4636f swap                    swap    defaults        0 0
/dev/sda1                                 /mnt/111                xfs     defaults        0 0
/dev/sda2                                 /mnt/222                ext4    defaults        0 0
/dev/sda3                                 /mnt/333                ext3    defaults        0 0
~
```

图 10-3　修改/etc/fstab 文件

再次重启系统，此时系统就可以正常启动了。

10.2　Swap 交换分区

10.2.1　Swap 交换分区概述

在 Linux 系统中，Swap 交换分区是一种特殊的分区，用于在物理内存(RAM)不足时作为虚拟内存的扩展，从而提供更多的内存空间。Swap 交换分区的主要功能包括以下几个。

(1) 扩展虚拟内存。Swap 交换分区允许系统使用磁盘空间作为虚拟内存的延伸，当物理内存不足时，操作系统会将部分暂时不活动的数据(页面)移到 Swap 交换分区中，以释放 RAM 供当前活动进程使用。

(2) 避免 OOM(Out of Memory，内存不足)错误。当系统的物理内存不足以满足所有运行进程的内存需求时，操作系统会尝试通过使用 Swap 交换分区来避免出现 OOM 错误。OOM 错误发生时，系统会强制杀死某些进程，以释放内存，这可能导致系统不稳定或应用程序崩溃。

(3) 提高系统的稳定性。通过使用 Swap 交换分区，系统可以更好地处理内存压力情况，避免内存不足导致系统崩溃或冻结。

(4) 支持休眠(Hibernate)功能。如果系统支持休眠功能，休眠时会将内存中的数据保存到 Swap 分区中，以便在恢复时重新加载到内存中。

尽管 Swap 交换分区对于系统的稳定性和其他性能是有益的，但过度使用 Swap 交换分区可能导致系统性能下降，因为磁盘访问速度较慢，远不及 RAM。因此，建议在合理的情况下使用 Swap 交换分区，并在可能的情况下增加物理内存以提高系统性能。

10.2.2 Swap 交换分区典型大小的设置

在 Linux 系统中，Swap 交换分区的大小设置可以根据系统的实际需求和硬件配置进行调整。一般来说，Swap 交换分区的大小应该根据以下几个因素来确定。

(1) 系统内存大小。Swap 分区的大小通常建议为物理内存(RAM)大小的一定比例。一般建议是将 Swap 交换分区大小设置为 RAM 的 2 倍，但随着计算机硬件和内存容量的增长，这个规则已经不再严格适用。

(2) 应用程序需求。考虑到系统上运行的应用程序和服务的内存需求，如果系统运行大型的内存密集型应用程序或多个虚拟机，可能需要更大的 Swap 交换分区。

(3) 休眠(Hibernate)功能。如果系统支持休眠功能，休眠时会将内存中的数据保存到 Swap 交换分区中。因此，如果你希望能够休眠并恢复系统状态，可能需要比平时更大的 Swap 交换分区。

通常，对于 Linux 系统，Swap 交换分区的大小可以按照以下准则进行设置。

(1) 如果系统内存较小(如 4GB 或更少)，可以设置 Swap 交换分区大小为物理内存的 2 倍，以提供较大的虚拟内存空间。

(2) 如果系统内存较大(如 8GB 或更多)，可以将 Swap 交换分区大小设置为物理内存的一半，或者干脆不设置 Swap 交换分区。较大的内存通常不需要太大的 Swap 交换分区。

在特殊情况下，可能会需要更大的 Swap 交换分区，如处理大量的内存数据分析任务、支持大型数据库等。另外，如果系统使用了 SSD(固态硬盘)，Swap 交换分区的性能将有所改善，不会像传统机械硬盘那样明显降低系统性能。

10.2.3 查看 Swap 交换分区大小的方法

在 Linux 系统中，可以使用多个命令来查看 Swap 交换分区的大小。下面是一些常用的命令。

(1) free 命令。用于显示系统的内存使用情况，包括物理内存和 Swap 交换分区。使用“free –m”命令查看系统的内存及交换分区的大小，单位为 M；使用“free –h”命令可以以可读的方式显示系统的内存及 Swap 交换分区的大小，如图 10-4 所示。

(2) swapon 命令。用于显示当前已激活的 Swap 交换分区信息，包括 Swap 交换分区的设备和大小。执行命令“swapon –s”，可以看到 Swap 交换分区的详细信息，如图 10-5 所示。

```
[root@192 ~]# free
              total        used        free      shared  buff/cache   available
Mem:        1849404      675788      745884        9800      427732      996296
Swap:       2097148           0     2097148
[root@192 ~]# free -m
              total        used        free      shared  buff/cache   available
Mem:           1806         659         728           9         417         972
Swap:          2047           0        2047
[root@192 ~]# free -h
              total        used        free      shared  buff/cache   available
Mem:          1.8Gi       659Mi       728Mi       9.0Mi       417Mi       972Mi
Swap:         2.0Gi          0B       2.0Gi
[root@192 ~]#
```

图 10-4 使用 free 命令查看系统的内存及 Swap 交换分区信息

```
[root@192 ~]# swapon -s
Filename                                Type            Size    Used    Priority
/dev/nvme0n1p2                          partition       2097148 0       -2
[root@192 ~]#
```

图 10-5 使用 swapon 命令查看 Swap 交换分区信息

(3) “cat /proc/swaps”命令。通过查看"/proc/swaps"文件来显示当前已激活的 Swap 交换分区信息，包括 Swap 交换分区的设备和大小，如图 10-6 所示。

```
[root@192 ~]# cat /proc/swaps
Filename                                Type            Size    Used    Priority
/dev/nvme0n1p2                          partition       2097148 0       -2
[root@192 ~]#
```

图 10-6 查看”/proc/swaps”文件信息

(4) lsblk 命令。用于列出系统的块设备信息，可以查看挂载的分区，其中包括 Swap 交换分区，如图 10-7 所示。

```
[root@192 ~]# lsblk
NAME          MAJ:MIN RM  SIZE RO TYPE MOUNTPOINT
sda             8:0    0   20G  0 disk
├─sda1          8:1    0  100M  0 part /mnt/111
├─sda2          8:2    0  200M  0 part /mnt/222
├─sda3          8:3    0  300M  0 part /mnt/333
├─sda4          8:4    0    1K  0 part
├─sda5          8:5    0  400M  0 part
└─sda6          8:6    0  500M  0 part
sr0            11:0    1 1024M  0 rom
nvme0n1       259:0    0   20G  0 disk
├─nvme0n1p1   259:1    0  300M  0 part /boot
├─nvme0n1p2   259:2    0    2G  0 part [SWAP]
└─nvme0n1p3   259:3    0 17.7G  0 part /
[root@192 ~]#
```

图 10-7 使用 lsblk 命令查看 Swap 交换分区信息

(5) blkid 命令。用于查看块设备的属性信息，包括设备类型和 UUID。可以用来确认某个设备是否为 Swap 交换分区，如图 10-8 所示。

```
[root@192 ~]# blkid
/dev/nvme0n1p3: UUID="df6607b0-e2f7-40e2-9f2e-9dc23d0e07fd" TYPE="xfs" PARTUUID="df9b7376-03"
/dev/nvme0n1: PTUUID="df9b7376" PTTYPE="dos"
/dev/nvme0n1p1: UUID="2d1ce290-93f2-45fc-adbf-363b411b6b9b" TYPE="xfs" PARTUUID="df9b7376-01"
/dev/nvme0n1p2: UUID="d57ac7a8-2e19-4803-b5c8-f04479a4636f" TYPE="swap" PARTUUID="df9b7376-02"
/dev/sda1: UUID="e37163be-d740-4149-b948-9a7c234e60b9" TYPE="xfs" PARTUUID="cb4abb29-01"
/dev/sda2: UUID="6b9f1902-3fb8-4969-85ff-e3b8b52943d0" TYPE="ext4" PARTUUID="cb4abb29-02"
/dev/sda3: UUID="ba22f731-a810-4b3d-bdf4-318f246433a4" TYPE="ext3" PARTUUID="cb4abb29-03"
/dev/sda5: SEC_TYPE="msdos" UUID="A187-4584" TYPE="vfat" PARTUUID="cb4abb29-05"
/dev/sda6: UUID="6e813b22-fca5-4f20-ac47-c82096e66d08" TYPE="swap" PARTUUID="cb4abb29-06"
[root@192 ~]#
```

图 10-8 使用 blkid 命令查看 Swap 交换分区信息

(6) fdisk 命令。用于查看磁盘和分区的信息，可以在其中确认是否存在 swap 交换分区。执行“fdisk –l”命令可以查看 swap 交换分区信息。

这些命令可以帮助用户在 Linux 系统中查看 Swap 交换分区的大小和相关信息。通常，使用 free 或 swapon 命令就足够了，它们会直接显示系统的内存和 Swap 使用情况。

10.2.4 使用 Swap 分区的整体流程

在 Linux 系统下，使用 Swap 交换分区的整体流程包括以下步骤，即分区、更新磁盘分区表、格式化、挂载及使用(系统会自动使用)。

(1) 分区。首先，使用磁盘分区工具(如 fdisk)对磁盘进行分区操作，创建一个专门用于 Swap 的分区。注意，Swap 分区应该是一个独立的分区，而不是一个文件。

(2) 更新磁盘分区表。在进行分区后，需要更新磁盘分区表，以使操作系统能够正确识别和使用新创建的 Swap 分区。通常将分区信息写入磁盘的分区表中。

(3) 格式化。需要对新创建的 Swap 分区进行格式化。由于 Swap 分区并不是普通文件系统，因此不需要像 Ext4 或 NTFS 那样格式化。可以使用 mkswap 命令将分区标记为 Swap 分区。例如：

```
mkswap /dev/sdXn
```

这里，"/dev/sdXn"应该替换为用户实际创建的 Swap 分区的设备文件名。

(4) 挂载。Swap 分区不像普通文件系统那样需要挂载到特定目录，而是通过 swapon 命令激活并启用。例如：

```
swapon /dev/sdXn
```

同样，将"/dev/sdXn"替换为用户的 Swap 分区的设备文件名。

(5) 使用(系统会自动使用)。一旦 Swap 分区被激活，系统会自动使用它来提供虚拟内存空间。当物理内存不足时，操作系统会将不活动的数据(页面)移动到 Swap 分区中，从而释放 RAM 供当前活动进程使用。这样，Swap 分区在系统中就起到了虚拟内存的扩展作用。

通常情况下，Linux 系统会自动识别和使用已经创建和挂载的 Swap 分区。在系统启动时，会自动激活已经配置在"/etc/fstab"文件中的 Swap 分区。如果需要手动激活或取消激活 Swap 分区，可以使用 swapon 和 swapoff 命令。

10.2.5 使用 Swap 分区的实例测试

添加一个 1GB 大小的 Swap 分区并且重启系统后依然有效，不能改变原来的 Swap 分区。

1. 分区

执行命令“fdisk /dev/sda”，建立一个 1GB 的分区，这里是"/dev/sda7"，如图 10-9 所示。

```
Command (m for help): p
Disk /dev/sda: 20 GiB, 21474836480 bytes, 41943040 sectors
Units: sectors of 1 * 512 = 512 bytes
Sector size (logical/physical): 512 bytes / 512 bytes
I/O size (minimum/optimal): 512 bytes / 512 bytes
Disklabel type: dos
Disk identifier: 0xcb4abb29

Device     Boot   Start      End  Sectors  Size Id Type
/dev/sda1          2048   206847   204800  100M 83 Linux
/dev/sda2        206848   616447   409600  200M 83 Linux
/dev/sda3        616448  1230847   614400  300M 83 Linux
/dev/sda4       1230848 41943039 40712192 19.4G  5 Extended
/dev/sda5       1232896  2052095   819200  400M 83 Linux
/dev/sda6       2054144  3078143  1024000  500M 83 Linux
/dev/sda7       3080192  5177343  2097152    1G 83 Linux

Command (m for help): w
The partition table has been altered.
Syncing disks.
```

图 10-9　创建 1GB 的磁盘分区

2. 更新磁盘分区表

执行命令 partprobe，更新磁盘分区表，然后执行“cat /proc/partitions”命令，可以看到 1GB 的分区"/dev/sda7"，如图 10-10 所示。

3. 格式化

执行命令“mkswap /dev/sda7”格式化 Swap 分区，再执行命令 blkid，查看格式化后的磁盘分区的 UUID 信息，如图 10-11 所示。

4. 挂载

挂载有两种方法，即手动挂载和永久挂载。

(1) 手动挂载/激活(仅本次有效，重启后无效)。

执行命令“swapon /dev/sda7”，激活 Swap 交换分区。执行命令“free –h”或“swapon –s”查看 Swap 分区信息，如图 10-12 所示。

```
[root@192 ~]# partprobe
[root@192 ~]# cat /proc/partitions
major minor  #blocks  name

 259        0   20971520 nvme0n1
 259        1     307200 nvme0n1p1
 259        2    2097152 nvme0n1p2
 259        3   18566144 nvme0n1p3
  11        0    1048575 sr0
   8        0   20971520 sda
   8        1     102400 sda1
   8        2     204800 sda2
   8        3     307200 sda3
   8        4          0 sda4
   8        5     409600 sda5
   8        6     512000 sda6
   8        7    1048576 sda7
[root@192 ~]#
```

图 10-10　更新磁盘分区表

```
[root@192 ~]# mkswap /dev/sda7
Setting up swapspace version 1, size = 1024 MiB (1073737728 bytes)
no label, UUID=675b3fd8-b99d-4e08-a1e3-d4fff0011e2c
[root@192 ~]# blkid
/dev/nvme0n1p3: UUID="df6607b0-e2f7-40e2-9f2e-9dc23d0e07fd" TYPE="xfs" PARTUUID="df9b7376-03"
/dev/nvme0n1p1: UUID="2d1ce290-93f2-45fc-adbf-363b411b6b9b" TYPE="xfs" PARTUUID="df9b7376-01"
/dev/nvme0n1p2: UUID="d57ac7a8-2e19-4803-b5c8-f04479a4636f" TYPE="swap" PARTUUID="df9b7376-02"
/dev/sda1: UUID="e37163be-d740-4149-b948-9a7c234e60b9" TYPE="xfs" PARTUUID="cb4abb29-01"
/dev/sda2: UUID="6b9f1902-3fb8-4969-85ff-e3b8b52943d0" TYPE="ext4" PARTUUID="cb4abb29-02"
/dev/sda3: UUID="ba22f731-a810-4b3d-bdf4-318f246433a4" TYPE="ext3" PARTUUID="cb4abb29-03"
/dev/sda5: SEC_TYPE="msdos" UUID="A187-4584" TYPE="vfat" PARTUUID="cb4abb29-05"
/dev/sda6: UUID="6e813b22-fca5-4f20-ac47-c82096e66d08" TYPE="swap" PARTUUID="cb4abb29-06"
/dev/nvme0n1: PTUUID="df9b7376" PTTYPE="dos"
/dev/sda7: UUID="675b3fd8-b99d-4e08-a1e3-d4fff0011e2c" TYPE="swap" PARTUUID="cb4abb29-07"
[root@192 ~]#
```

图 10-11　格式化 Swap 分区

```
[root@192 ~]# free
              total        used        free      shared  buff/cache   available
Mem:        1849404      676860      736092        9804      436452      994940
Swap:       2097148           0     2097148
[root@192 ~]# swapon /dev/sda7
[root@192 ~]# free -h
              total        used        free      shared  buff/cache   available
Mem:          1.8Gi       661Mi       718Mi       9.0Mi       426Mi       970Mi
Swap:         3.0Gi          0B       3.0Gi
[root@192 ~]# swapon -s
Filename                                Type            Size    Used    Priority
/dev/nvme0n1p2                          partition       2097148 0       -2
/dev/sda7                               partition       1048572 0       -3
[root@192 ~]#
```

图 10-12　激活 Swap 交换分区

卸载 Swap 分区可以执行命令“swapoff /dev/sda7”，然后执行命令“free –h”或“swapon –s”查看 Swap 分区信息，如图 10-13 所示。

```
[root@192 ~]# swapoff /dev/sda7
[root@192 ~]# free -h
              total        used        free      shared  buff/cache   available
Mem:          1.8Gi       660Mi       718Mi       9.0Mi       426Mi       971Mi
Swap:         2.0Gi          0B       2.0Gi
[root@192 ~]# swapon -s
Filename                                Type            Size    Used    Priority
/dev/nvme0n1p2                          partition       2097148 0       -2
[root@192 ~]# 
```

图 10-13　卸载 Swap 分区

(2)　永久挂载(开机自动挂载)。

执行命令“vim /etc/fstab”，编辑开机自动挂载文件"/etc/fstab"，在末尾插入图 10-14 所示的信息。

```
UUID=df6607b0-e2f7-40e2-9f2e-9dc23d0e07fd /                       xfs     defaults        0 0
UUID=2d1ce290-93f2-45fc-adbf-363b411b6b9b /boot                   xfs     defaults        0 0
UUID=d57ac7a8-2e19-4803-b5c8-f04479a4636f swap                    swap    defaults        0 0
/dev/sda1                                 /mnt/111                xfs     defaults        0 0
/dev/sda2                                 /mnt/222                ext4    defaults        0 0
/dev/sda3                                 /mnt/333                ext3    defaults        0 0
/dev/sda7                                 swap                    swap    defaults        0 0
```

图 10-14　Swap 分区开机自动挂载设置 1

不同于挂载普通分区时执行的“mount –a”命令(对 Swap 交换分区无效)，模拟重启激活 Swap 分区，需要执行命令“swapon –a”，然后执行命令“swapon –s”查看 Swap 分区信息，写到"/etc/fstab"文件中的 Swap 分区已经激活，如图 10-15 所示。

```
[root@192 ~]# swapon -s
Filename                                Type            Size    Used    Priority
/dev/nvme0n1p2                          partition       2097148 0       -2
[root@192 ~]# vim /etc/fstab
[root@192 ~]# swapon -a
[root@192 ~]# swapon -s
Filename                                Type            Size    Used    Priority
/dev/nvme0n1p2                          partition       2097148 0       -2
/dev/sda7                               partition       1048572 0       -3
[root@192 ~]# 
```

图 10-15　Swap 分区开机自动挂载设置 2

最后使用 reboot 命令重启系统测试。

注意

如果题目中要求将 Swap 分区扩大至多少，此时需要利用表达式命令 expr 计算 Swap 分区的目标值与当前值之间的差值，然后利用 fdisk 命令创建一个差值大小的分区，后续操作同前。

例如，题目中要求将 Swap 分区扩大至 3800000KB，则需要执行命令“expr 3800000 – 3145720”计算差值，这里求出差值为 654280，单位是 KB，如图 10-16 所示。

```
[root@192 ~]# free
              total        used        free      shared  buff/cache   available
Mem:        1849404      677852      735068        9804      436484      993928
Swap:       3145720           0     3145720
[root@192 ~]# expr 3800000 - 3145720
654280
[root@192 ~]# 
```

图 10-16 计算 Swap 分区差值

然后按照前面的步骤，创建一个大小为 654280KB 的分区，将其格式化成 Swap 分区类型，最后写到开机自动挂载文件"/etc/fstab"中就可以了。

课 后 作 业

10-1 简述开机自动挂载文件"/etc/fstab"中前 3 个字段的含义。

10-2 简述由于"/etc/fstab"文件书写错误导致系统无法启动的解决方法。

10-3 简述 Swap 交换分区的功能。

10-4 Swap 交换分区的典型大小应该如何设置？

10-5 查看 Swap 交换分区的 3 种方法。

10-6 简述使用 Swap 交换分区的整体流程。

10-7 Linux 系统下计算差值的命令是什么？写出求 100-99 的具体命令。

第11章 网络管理

本章知识点结构图

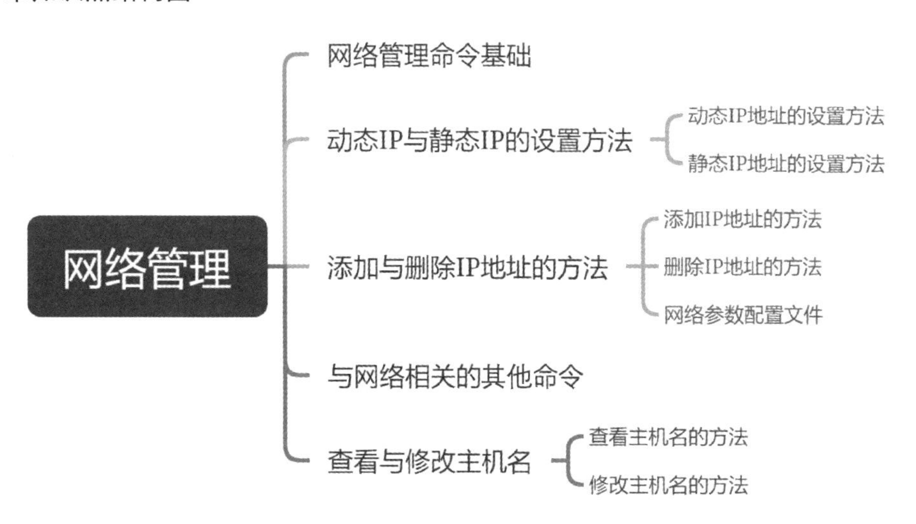

本章主要介绍网络管理的基本命令和技巧，内容涵盖了网络配置的多个方面，包括设置动态和静态 IP 地址、通过添加和删除 IP 地址来管理网络以及探讨其他与网络相关的命令。此外，本章还讲解如何查看和修改主机名。

从基本的网络管理命令到高级的 IP 地址配置和主机名操作，为读者介绍有效管理网络所需的知识和技能。

11.1 网络管理命令基础

1. 查看 IP 地址

“ip address show”命令的输出会列出每个网络接口的详细信息，包括网络接口的名称、状态、MAC 地址、IP 地址、广播地址、子网掩码以及其他相关信息，如图 11-1 所示。该命令可以简写为“ip a”。

```
[root@192 ~]# ip address show
1: lo: <LOOPBACK,UP,LOWER_UP> mtu 65536 qdisc noqueue state UNKNOWN group default qlen
 1000
    link/loopback 00:00:00:00:00:00 brd 00:00:00:00:00:00
    inet 127.0.0.1/8 scope host lo
       valid_lft forever preferred_lft forever
    inet6 ::1/128 scope host
       valid_lft forever preferred_lft forever
2: ens160: <BROADCAST,MULTICAST,UP,LOWER_UP> mtu 1500 qdisc fq_codel state UP group de
fault qlen 1000
    link/ether 00:0c:29:b5:1f:47 brd ff:ff:ff:ff:ff:ff
    inet 192.168.174.138/24 brd 192.168.174.255 scope global dynamic noprefixroute ens
160
       valid_lft 1686sec preferred_lft 1686sec
    inet6 fe80::dfe5:ccdb:9ba4:51b2/64 scope link noprefixroute
       valid_lft forever preferred_lft forever
3: virbr0: <NO-CARRIER,BROADCAST,MULTICAST,UP> mtu 1500 qdisc noqueue state DOWN group
 default qlen 1000
    link/ether 52:54:00:94:63:58 brd ff:ff:ff:ff:ff:ff
    inet 192.168.122.1/24 brd 192.168.122.255 scope global virbr0
       valid_lft forever preferred_lft forever
4: virbr0-nic: <BROADCAST,MULTICAST> mtu 1500 qdisc fq_codel master virbr0 state DOWN
group default qlen 1000
    link/ether 52:54:00:94:63:58 brd ff:ff:ff:ff:ff:ff
[root@192 ~]#
```

图 11-1 执行“ip address show”命令效果

“ip address show”命令主要输出字段的含义如下。

(1) 2:ens160：表示网络接口的索引号与网络接口的名称，以太网接口都以"en"开头。

(2) link/ether 00:0c:29:b5:1f:47 brd ff:ff:ff:ff:ff:ff：表示接口的 MAC 地址。

(3) inet 192.168.174.138/24：表示接口的 IPv4 地址和子网掩码。

(4) brd 192.168.174.255：表示接口的广播地址。

(5) dynamic：表示地址是通过动态分配获得的。

(6) inet6 fe80::dfe5:ccdb:9ba4:51b2/64：表示接口的 IPv6 地址和前缀长度。

2. 查看网关(Gateway)

命令“ip route”的效果是查看路由信息，其中包含了网关信息，在“default via”后的IP 地址即为网关，如图 11-2 所示。

命令“netstat –nr”是以数值方式显示路由表信息，也包含了 Gateway，如图 11-2 所示，其中参数-r 表示显示路由表信息，参数-n 表示以数值方式显示。

```
[root@192 ~]# ip route
default via 192.168.174.2 dev ens160 proto dhcp metric 100
192.168.122.0/24 dev virbr0 proto kernel scope link src 192.168.122.1 linkdown
192.168.174.0/24 dev ens160 proto kernel scope link src 192.168.174.138 metric 100
[root@192 ~]# netstat -nr
Kernel IP routing table
Destination     Gateway         Genmask         Flags   MSS Window  irtt Iface
0.0.0.0         192.168.174.2   0.0.0.0         UG        0 0          0 ens160
192.168.122.0   0.0.0.0         255.255.255.0   U         0 0          0 virbr0
192.168.174.0   0.0.0.0         255.255.255.0   U         0 0          0 ens160
[root@192 ~]#
```

图 11-2 查看网关命令效果

3. 查看 DNS(nameserver)

执行命令“cat /etc/resolv.conf”可以查看 DNS 服务器的 IP 地址，即 nameserver 后的地址，如图 11-3 所示。

```
[root@192 ~]# cat /etc/resolv.conf
# Generated by NetworkManager
search localdomain
nameserver 192.168.174.2
[root@192 ~]#
```

图 11-3 查看 DNS 信息

4. 主机连通测试命令 ping

在 Linux 系统中，ping 是一个用于检查主机之间网络连接是否正常的常用命令。它发送 ICMP(Internet Control Message Protocol，互联网控制消息协议)回显请求消息到目标主机，并等待目标主机返回 ICMP 回显应答消息，从而测试网络的可达性和延迟。

命令如下：

```
ping [OPTIONS] HOST
```

常用选项含义如下。

-c COUNT：指定发送的 ICMP 回显请求消息的数量。

-i INTERVAL：指定发送 ICMP 请求消息的时间间隔(单位为秒)。

-s SIZE：指定 ICMP 数据包的大小(单位为字节)。

-t TTL：指定发送 ICMP 请求消息的生存时间(Time to Live，TTL)。

-w TIMEOUT：指定等待 ICMP 回显应答消息的超时时间(单位为秒)。

ping 命令的用法如下。

发送一个 ICMP 回显请求消息到目标主机：

```
ping example.com
```

发送 3 个 ICMP 回显请求消息到目标主机：

```
ping -c 3 example.com
```

指定 ICMP 数据包大小为 64 字节：

```
ping -s 64 example.com
```

指定发送 ICMP 请求消息的时间间隔为 1 秒：

```
ping -i 1 example.com
```

指定发送 ICMP 请求消息的生存时间(TTL)为 64：

```
ping -t 64 example.com
```

指定等待 ICMP 回显应答消息的超时时间为 5 秒：

```
ping -w 5 example.com
```

输出解释：ping 命令发送 ICMP 回显请求消息后，如果目标主机可达，将会收到 ICMP 回显应答消息，并在屏幕上显示相关信息。

示例输出：

```
PING example.com (93.184.216.34) 56(84) bytes of data.
64 bytes from 93.184.216.34 (93.184.216.34): icmp_seq=1 ttl=128
time=32.1 ms
64 bytes from 93.184.216.34 (93.184.216.34): icmp_seq=2 ttl=128
time=30.9 ms
64 bytes from 93.184.216.34 (93.184.216.34): icmp_seq=3 ttl=128
time=31.2 ms
--- example.com ping statistics ---
3 packets transmitted, 3 received, 0% packet loss, time 2002ms
rtt min/avg/max/mdev = 30.978/31.448/32.145/0.504 ms
```

输出字段解释：

PING example.com (93.184.216.34)：显示目标主机的 IP 地址。

56(84) bytes of data.：指示发送的 ICMP 数据包大小，第一个数字为数据部分大小，括号中的数字为数据包总大小(包含 IP 头部等)。

64 bytes from 93.184.216.34 (93.184.216.34)：显示接收到的 ICMP 回显应答消息，其中 64 为 ICMP 数据包的大小，icmp_seq=1 表示 ICMP 序列号，ttl=128 表示生存时间，time=32.1 ms 表示往返延迟时间。

--- example.com ping statistics ---：显示 ping 的统计信息部分。

3 packets transmitted, 3 received, 0% packet loss, time 2002ms：显示发送和接收的数据包数量以及数据包丢失率和总的测试时间。

rtt min/avg/max/mdev = 30.978/31.448/32.145/0.504 ms：显示往返延迟的最小、平均、最大和标准差。

应该注意，ping 命令会持续发送 ICMP 回显请求消息，直到用户中断(通常是通过按 Ctrl + C 组合键)为止。

在图 11-4 所示的例子中，命令“ping -c 3 192.168.174.139”会发送 3 个 ICMP 回显请求消息，因为目标主机 192.168.174.139 可达，所以会收到 ICMP 应答消息，并在屏幕上显示“64 bytes from 93.184.216.34 (93.184.216.34): icmp_seq=1 ttl=128 time=32.1 ms”。而目标主机 192.168.174.140 不可达，所以在屏幕上显示“Destination Host Unreachable”。

```
[root@192 ~]# ping -c 3 192.168.174.139
PING 192.168.174.139 (192.168.174.139) 56(84) bytes of data.
64 bytes from 192.168.174.139: icmp_seq=1 ttl=64 time=0.718 ms
64 bytes from 192.168.174.139: icmp_seq=2 ttl=64 time=0.294 ms
64 bytes from 192.168.174.139: icmp_seq=3 ttl=64 time=0.287 ms

--- 192.168.174.139 ping statistics ---
3 packets transmitted, 3 received, 0% packet loss, time 61ms
rtt min/avg/max/mdev = 0.287/0.433/0.718/0.201 ms
[root@192 ~]# ping -c 3 192.168.174.140
PING 192.168.174.140 (192.168.174.140) 56(84) bytes of data.
From 192.168.174.138 icmp_seq=1 Destination Host Unreachable
From 192.168.174.138 icmp_seq=2 Destination Host Unreachable
From 192.168.174.138 icmp_seq=3 Destination Host Unreachable

--- 192.168.174.140 ping statistics ---
3 packets transmitted, 0 received, +3 errors, 100% packet loss, time 48ms
pipe 3
[root@192 ~]#
```

图 11-4 ping 命令效果

5. 查看网络设备的状态

“nmcli dev status”命令用于显示当前系统中网络设备的状态信息(见图 11-5)，包括设备名称、设备类型、设备状态、连接状态等。下面是每一列的详细解释。

(1) DEVICE：这一列显示网络设备的名称，如 eth0、wlan0 等。这些名称是 Linux 系统为每个网络接口分配的标识符。

(2) TYPE：这一列显示网络设备的类型，如 ethernet 表示以太网设备、wifi 表示无线设备、bridge 表示网络桥接设备等。

(3) STATE：这一列显示网络设备的状态。常见的状态有以下几个。

connected：设备已连接到网络。

disconnected：设备未连接到网络。

unavailable：设备存在但无法连接。

unmanaged：设备由 NetworkManager 忽略，可能由其他网络管理工具控制。

(4) CONNECTION：这一列显示当前与设备相关联的网络连接名称。如果设备当前没有连接到任何网络，则显示“--”。

在图 11-5 中，运行“nmcli dev status”命令，可以看到以太网设备 ens160 已连接到网络，网络连接名称为 ens160。

```
[root@192 ~]# nmcli  dev status
DEVICE      TYPE      STATE      CONNECTION
ens160      ethernet  connected  ens160
virbr0      bridge    connected  virbr0
lo          loopback  unmanaged  --
virbr0-nic  tun       unmanaged  --
```

图 11-5　查看网络设备的状态信息

6. 显示网络连接信息

“nmcli connection show”是用于显示所有网络连接详细信息的命令。通过执行这个命令，可以查看当前系统中配置的所有网络连接及其属性。

输出将包含每个网络连接的名称、类型、UUID、设备、是否自动连接、连接状态、IP 地址配置、DNS 设置等信息。下面是输出结果的示例：

```
NAME    UUID                                  TYPE      DEVICE
Wired   6a58c860-8d3a-44d7-82c3-0e2f521b55cc  ethernet  enp0s25
Wi-Fi   3277f84b-c678-4347-898d-6713c4d1f39f  wifi      wlp3s0
VPN     9d21a0db-5eab-4b7b-8b57-9da9aa3d0a72  vpn       --
```

(1) NAME：网络连接的名称。这个名称通常是用户定义的，以便在配置和管理网络连接时更容易识别。

(2) UUID：每个网络连接都有一个唯一的 UUID(通用唯一标识符)。这是 NetworkManager 用来识别每个网络连接的标识符。

(3) TYPE：连接类型。可以是 ethernet(有线连接)、wifi(Wi-Fi 连接)、vpn(虚拟私有网络连接)等。

(4) DEVICE：与该连接关联的网络设备名称。

在图 11-6 中，显示了两行网络连接信息，第一行的网络连接名称是 ens160，并给出了其 UUID，连接类型是有线连接，与该连接关联的网络设备名称是 ens160。第二行的网络连接名称是 virbr0，给出了其 UUID，连接类型是桥接，与该连接关联的网络设备名称是 virbr0。

```
[root@192 ~]# nmcli  connection show
NAME    UUID                                  TYPE      DEVICE
ens160  b8e7e972-66c3-4ad6-89bf-cc46672b59f2  ethernet  ens160
virbr0  05627e98-c51a-40e2-a877-de57e28dd4b1  bridge    virbr0
[root@192 ~]# 
```

图 11-6　显示网络设备连接的详细信息

7. 区分静态 IP 与动态 IP 的方法

(1) 查看网络配置文件。

在 RHEL8 中，每个网络连接都有对应的配置文件存储在"/etc/sysconfig/network-scripts/"目录下。通常以"ifcfg-<interface_name>"的格式命名。找到要检查的网络连接的配置文件，打开文件查找 BOOTPROTO 字段。如果将 BOOTPROTO 设置为 dhcp，则表示该连接使用动态 IP(DHCP)。如果将 BOOTPROTO 设置为 static 或 none，则表示该连接使用静态 IP。

在图 11-7 所示的命令行窗口中，执行命令“cat /etc/sysconfig/network-scripts/ifcfg-ens160”查看底层的网络配置文件，发现 BOOTPROTO 字段被设置为 dhcp，说明本机 IP 地址是动态获取的。

```
[root@192 ~]# cat /etc/sysconfig/network-scripts/ifcfg-ens160
TYPE="Ethernet"
PROXY_METHOD="none"
BROWSER_ONLY="no"
BOOTPROTO="dhcp"
DEFROUTE="yes"
IPV4_FAILURE_FATAL="no"
IPV6INIT="yes"
IPV6_AUTOCONF="yes"
IPV6_DEFROUTE="yes"
IPV6_FAILURE_FATAL="no"
IPV6_ADDR_GEN_MODE="stable-privacy"
NAME="ens160"
UUID="b8e7e972-66c3-4ad6-89bf-cc46672b59f2"
DEVICE="ens160"
ONBOOT="yes"
[root@192 ~]#
```

图 11-7 查看网络配置文件

(2) 使用“nmcli connection show”命令。

执行命令“nmcli connection show ens160 | grep ipv4.method”可查看网络连接 ens160 的 IP 配置类型，如果"ipv4.method"为 manual，则表示该连接使用静态 IP。如果"ipv4.method"为 auto，则表示该连接使用动态 IP。在图 11-8 所示的命令行窗口中，网络连接 ens160 的 IP 配置类型是 auto，表示是动态获取的。

```
[root@192 ~]# nmcli connection show
NAME    UUID                                  TYPE      DEVICE
ens160  b8e7e972-66c3-4ad6-89bf-cc46672b59f2  ethernet  ens160
virbr0  05627e98-c51a-40e2-a877-de57e28dd4b1  bridge    virbr0
[root@192 ~]# nmcli connection show ens160 | grep ipv4.method
ipv4.method:                            auto
[root@192 ~]#
```

图 11-8 查看网络连接类型

11.2　动态 IP 与静态 IP 的设置方法

11.2.1　动态 IP 地址的设置方法

NetworkManager 是大多数现在 Linux 发行版中用于管理网络连接的默认工具。可以使用 nmcli 命令来设置动态 IP 地址。

首先，确保你已经安装了 NetworkManager；然后，按照以下步骤设置动态 IP 地址。

(1) 打开终端窗口，执行命令“nmcli connection show”查看可用的网络连接列表，找到要配置的网络连接名称，即 NAME 字段的值，在图 11-9 中，看到网络连接名称是 ens160。

```
[root@192 ~]# nmcli connection show
NAME     UUID                                  TYPE      DEVICE
ens160   b8e7e972-66c3-4ad6-89bf-cc46672b59f2  ethernet  ens160
virbr0   05627e98-c51a-40e2-a877-de57e28dd4b1  bridge    virbr0
[root@192 ~]#
```

图 11-9　查看网络连接名称

(2) 针对要配置的网络连接名称，执行以下命令来设置动态 IP(DHCP)：“nmcli connection modify 'ens160' connection.autoconnect yes ipv4.method auto”，其中的参数 modify 表示修改；"connection.autoconnect yes"表示开机自动启动；"ipv4.method auto"表示使用 DHCP 动态获取 IP 地址。执行完该命令后，再执行“echo $?”，如果结果显示为 0，说明上一条命令运行成功，如图 11-10 所示。

```
[root@192 ~]# nmcli connection modify 'ens160' connection.autoconnect yes ipv4.method auto
[root@192 ~]# echo $?
0
[root@192 ~]#
```

图 11-10　设置动态 IP 地址

(3) 执行命令“nmcli connection up ens160”，重新启用该网络连接以便使更改生效，如图 11-11 所示。现在，该网络连接将使用动态 IP(DHCP)获取 IP 地址。

```
[root@192 ~]# nmcli connection up ens160
Connection successfully activated (D-Bus active path: /org/freedesktop/NetworkManager/ActiveConnection/5)
[root@192 ~]#
```

图 11-11　重启网络连接

11.2.2　静态 IP 地址的设置方法

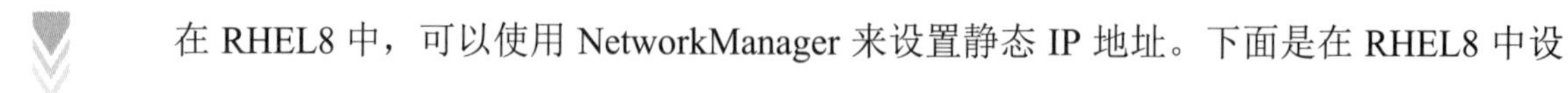

在 RHEL8 中，可以使用 NetworkManager 来设置静态 IP 地址。下面是在 RHEL8 中设

置静态 IP 地址的步骤。

(1) 打开终端窗口，查看可用的网络连接列表，找到要配置的网络连接名称 ens160。

(2) 执行命令“nmcli connection modify ens160 connection.autoconnect yes ipv4.method manual ipv4.addresses 192.168.174.130/24 ipv4.gateway 192.168.174.2 ipv4.dns 192.168.174.2”，其中参数 modify 表示修改；“connection.autoconnect yes”表示开机自动启动；“ipv4.method manual”表示使用手动配置静态 IP 地址；“ipv4.addresses 192.168.174.130/24”表示配置的静态 IP 地址为“192.168.174.130”，子网掩码为 24 位；“ipv4.gateway 192.168.174.2”表示网关为“192.168.174.2”；“ipv4.dns 192.168.174.2”表示设置 DNS 服务器为“192.168.174.2”，如图 11-12 所示。

```
[root@192 ~]# nmcli connection modify ens160 connection.autoconnect yes ipv4.method manu
al ipv4.addresses 192.168.174.130/24 ipv4.gateway 192.168.174.2 ipv4.dns 192.168.174.2
[root@192 ~]# nmcli connection up ens160
```

图 11-12 设置静态 IP 并重启网络连接

(3) 执行命令“nmcli connection up ens160”，重新启动该网络连接以使更改生效。由于本例是通过 Xshell 远程连接到 Linux 虚拟机上，所以一旦 IP 地址发生了变化，原来的连接会卡死。此时，可以到 Linux 虚拟机中直接操作或者按照新的 IP 地址建立 Xshell 远程连接。

图 11-13 所示为在 Linux 虚拟机中执行“ip a”命令查看 IP 地址信息，可以看到，新设置的静态 IP 地址 192.168.174.130 已经生效了。

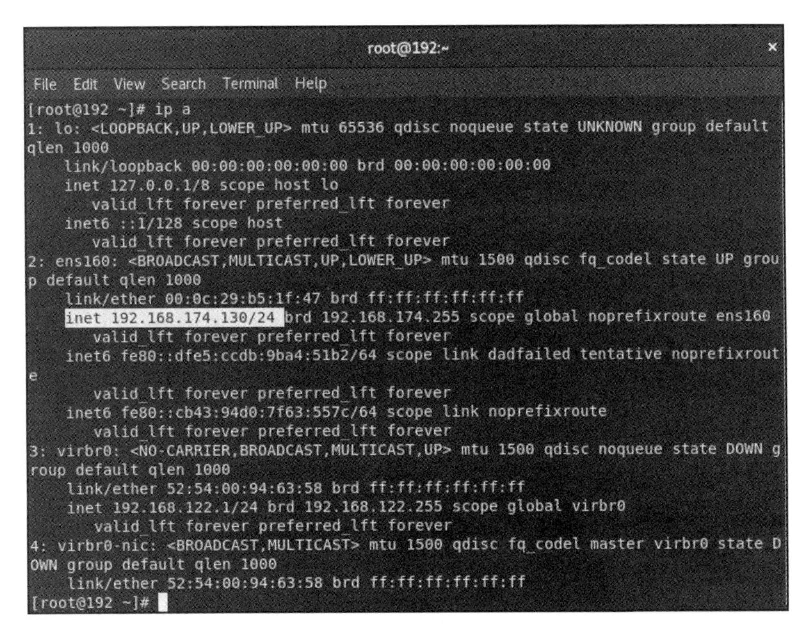

图 11-13 在 Linux 虚拟机中查看 IP 地址信息

此时，可以执行命令“ping -c3 192.168.174.139”测试与另一台正在运行的 Linux 虚拟机(IP 地址是“192.168.174.139”)是否连通，可以看到两台机器是连通的。执行命令“cat /etc/sysconfig/network-scripts/ifcfg-ens160 | grep BOOTPROTO”查看 IP 地址的设置方式，参数 BOOTPROTO 的值是 none，说明此 IP 地址是静态的，如图 11-14 所示。

```
[root@192 ~]# ping -c3 192.168.174.139
PING 192.168.174.139 (192.168.174.139) 56(84) bytes of data.
64 bytes from 192.168.174.139: icmp_seq=1 ttl=64 time=0.435 ms
64 bytes from 192.168.174.139: icmp_seq=2 ttl=64 time=0.342 ms
64 bytes from 192.168.174.139: icmp_seq=3 ttl=64 time=0.157 ms

--- 192.168.174.139 ping statistics ---
3 packets transmitted, 3 received, 0% packet loss, time 56ms
rtt min/avg/max/mdev = 0.157/0.311/0.435/0.116 ms
[root@192 ~]# cat /etc/sysconfig/network-scripts/ifcfg-ens160 | grep BOOTPROTO
BOOTPROTO=none
[root@192 ~]#
```

图 11-14　测试连通性及 IP 地址类型

11.3　添加与删除 IP 地址的方法

11.3.1　添加 IP 地址的方法

执行命令“nmcli connection modify ens160 +ipv4.addresses 192.168.174.131/24”添加一个 IP 地址，永久有效。执行命令“nmcli connection up ens160”重启该网络连接，如图 11-15 所示。

```
[root@192 ~]# nmcli connection modify ens160 +ipv4.addresses 192.168.174.131/24
[root@192 ~]# nmcli connection up ens160
Connection successfully activated (D-Bus active path: /org/freedesktop/NetworkMana
ger/ActiveConnection/7)
[root@192 ~]# ip a
1: lo: <LOOPBACK,UP,LOWER_UP> mtu 65536 qdisc noqueue state UNKNOWN group default
qlen 1000
    link/loopback 00:00:00:00:00:00 brd 00:00:00:00:00:00
    inet 127.0.0.1/8 scope host lo
       valid_lft forever preferred_lft forever
    inet6 ::1/128 scope host
       valid_lft forever preferred_lft forever
2: ens160: <BROADCAST,MULTICAST,UP,LOWER_UP> mtu 1500 qdisc fq_codel state UP grou
p default qlen 1000
    link/ether 00:0c:29:b5:1f:47 brd ff:ff:ff:ff:ff:ff
    inet 192.168.174.130/24 brd 192.168.174.255 scope global noprefixroute ens160
       valid_lft forever preferred_lft forever
    inet 192.168.174.131/24 brd 192.168.174.255 scope global secondary noprefixrou
te ens160
       valid_lft forever preferred_lft forever
    inet6 fe80::dfe5:ccdb:9ba4:51b2/64 scope link dadfailed tentative noprefixrout
e
       valid_lft forever preferred_lft forever
    inet6 fe80::cb43:94d0:7f63:557c/64 scope link noprefixroute
       valid_lft forever preferred_lft forever
3: virbr0: <NO-CARRIER,BROADCAST,MULTICAST,UP> mtu 1500 qdisc noqueue state DOWN g
roup default qlen 1000
    link/ether 52:54:00:94:63:58 brd ff:ff:ff:ff:ff:ff
    inet 192.168.122.1/24 brd 192.168.122.255 scope global virbr0
       valid_lft forever preferred_lft forever
```

图 11-15　添加 IP 地址效果

执行“ip a”命令查看 IP 地址信息，从图 11-15 中可以看到，网络连接 ens160 上的 IP 地址有两个，一个是“192.168.174.130”，另一个是“192.168.174.131”。

注意

执行 reboot 命令重启系统后，添加的 IP 地址仍然存在。

11.3.2 删除 IP 地址的方法

执行命令“nmcli connection modify ens160 -ipv4.addresses 192.168.174.131/24”，删除 IP 地址“192.168.174.131”。执行命令“nmcli connection up ens160”，重启该网络连接，如图 11-16 所示。

```
[root@192 ~]# nmcli connection modify ens160 -ipv4.addresses 192.168.174.131/24
[root@192 ~]# nmcli connection up ens160
Connection successfully activated (D-Bus active path: /org/freedesktop/NetworkMana
ger/ActiveConnection/8)
[root@192 ~]# ip a
1: lo: <LOOPBACK,UP,LOWER_UP> mtu 65536 qdisc noqueue state UNKNOWN group default
qlen 1000
    link/loopback 00:00:00:00:00:00 brd 00:00:00:00:00:00
    inet 127.0.0.1/8 scope host lo
       valid_lft forever preferred_lft forever
    inet6 ::1/128 scope host
       valid_lft forever preferred_lft forever
2: ens160: <BROADCAST,MULTICAST,UP,LOWER_UP> mtu 1500 qdisc fq_codel state UP grou
p default qlen 1000
    link/ether 00:0c:29:b5:1f:47 brd ff:ff:ff:ff:ff:ff
    inet 192.168.174.130/24 brd 192.168.174.255 scope global noprefixroute ens160
       valid_lft forever preferred_lft forever
    inet6 fe80::dfe5:ccdb:9ba4:51b2/64 scope link dadfailed tentative noprefixrout
e
       valid_lft forever preferred_lft forever
    inet6 fe80::cb43:94d0:7f63:557c/64 scope link noprefixroute
       valid_lft forever preferred_lft forever
3: virbr0: <NO-CARRIER,BROADCAST,MULTICAST,UP> mtu 1500 qdisc noqueue state DOWN g
roup default qlen 1000
    link/ether 52:54:00:94:63:58 brd ff:ff:ff:ff:ff:ff
    inet 192.168.122.1/24 brd 192.168.122.255 scope global virbr0
       valid_lft forever preferred_lft forever
4: virbr0-nic: <BROADCAST,MULTICAST> mtu 1500 qdisc fq_codel master virbr0 state D
OWN group default qlen 1000
    link/ether 52:54:00:94:63:58 brd ff:ff:ff:ff:ff:ff
```

图 11-16 删除 IP 地址效果

执行“ip a”命令查看 IP 地址信息，从图 11-16 中可以看到，网络连接 ens160 上的 IP 地址只有“192.168.174.130”一个了。

注意

删除的 IP 地址已被彻底删除，执行 reboot 命令重启系统后该 IP 地址也不存在了。

11.3.3 网络参数配置文件

在 Linux 系统中，网络参数配置文件位于"/etc/sysconfig/network-scripts/"目录下，每个网络接口的配置文件通常是以“ifcfg-<interface_name>”的格式命名。这些配置文件用于定义网络接口的各种参数，包括 IP 地址、子网掩码、网关、DNS 服务器等。下面是 ifcfg-文件中常见字段的含义。

(1) DEVICE：定义网络接口的名称。例如，DEVICE=eth0 表示此配置适用于名为 eth0 的网络接口。

(2) BOOTPROTO：定义网络接口的引导协议。可以是 none(手动配置 IP 地址)、dhcp(动态获取 IP 地址)、bootp、static 等。如果设置为 dhcp，接口将使用动态 IP(DHCP)来获取 IP 地址。

(3) ONBOOT：指定网络接口是否在系统引导时启用。可以是 yes 或 no。如果设置为 yes，接口将在系统启动时自动启用。

(4) IPADDR：定义静态 IP 地址。例如，“IPADDR=192.168.1.100”表示此接口使用静态 IP 地址“192.168.1.100”。

(5) NETMASK：定义子网掩码。例如，“NETMASK=255.255.255.0”表示此接口的子网掩码是“255.255.255.0”。

(6) GATEWAY：定义默认网关地址。例如，“GATEWAY=192.168.1.1”表示此接口的默认网关是“192.168.1.1”。

(7) DNS1/DNS2：定义首选 DNS 和备用 DNS 服务器的 IP 地址。例如，“DNS1=8.8.8.8”和“DNS2=8.8.4.4”表示首选 DNS 服务器的 IP 地址为“8.8.8.8”，备用 DNS 服务器的 IP 地址为“8.8.4.4”。

(8) TYPE：定义网络接口的类型，如 Ethernet 表示以太网接口。

(9) NM_CONTROLLED：指定 NetworkManager 是否管理此网络接口。可以是 yes 或 no。如果设置为 no，则 NetworkManager 将忽略此接口。

注意，每个接口的配置文件可能会因网络设置和要求略有不同。有些字段可能是必需的，而其他字段可能是可选的，取决于网络环境和网络连接类型。

在编辑或更改这些配置文件之前，要确保对网络连接的设置有足够的了解，并备份配置文件，以防止出现配置错误导致网络问题。编辑完配置文件后，可能需要重启网络服务或重启网络接口，使更改生效。

执行命令“vim /etc/sysconfig/network-scripts/ifcfg-ens160”查看网络参数配置文件，内容如图 11-17 所示。

```
TYPE=Ethernet
PROXY_METHOD=none
BROWSER_ONLY=no
BOOTPROTO=none
DEFROUTE=yes
IPV4_FAILURE_FATAL=no
IPV6INIT=yes
IPV6_AUTOCONF=yes
IPV6_DEFROUTE=yes
IPV6_FAILURE_FATAL=no
IPV6_ADDR_GEN_MODE=stable-privacy
NAME=ens160
UUID=b8e7e972-66c3-4ad6-89bf-cc46672b59f2
DEVICE=ens160
ONBOOT=yes
IPADDR=192.168.174.130
PREFIX=24
GATEWAY=192.168.174.2
DNS1=192.168.174.2
~
```

图 11-17 网络参数配置文件

11.4 与网络相关的其他命令

1. netstat(网络统计)命令

netstat 是一个用于查看网络连接、路由表、网络接口和网络协议统计信息的命令行工具。在 Linux 系统中，netstat 命令提供了大量的网络信息，可以帮助你监控和调试网络连接。

使用 netstat 命令的基本语法为：

```
netstat [options]
```

下面是一些常用的 netstat 命令选项及其含义。

-t (或--tcp)：仅显示与 TCP 协议相关的连接和监听端口。

-u (或--udp)：显示与 UDP 协议相关的连接。

-n (或--numeric)：以 IP 地址和端口号的数字形式显示，而不进行域名解析。

-l (或--listening)：显示处于监听状态的端口。

-p (或--program)：显示与连接/监听端口相关的进程信息。对于已建立连接，它将显示关联的进程 ID(PID)和进程名称。

-r (或--route)：显示路由表。

-i (或--interfaces)：显示网络接口信息。

-a (或--all)：显示所有的网络连接和监听端口，包括 TCP、UDP 和 UNIX domain socket。

-s (或--statistics)：显示网络协议统计信息。

例如，在图 11-18 中，命令“netstat –antpl”显示了当前系统上所有正在监听的 TCP 连接和监听端口，并显示与它们相关联的进程信息。这对于了解当前系统上的网络活动和进程的网络依赖性非常有用。

```
[root@192 ~]# netstat -antpl
Active Internet connections (servers and established)
Proto Recv-Q Send-Q Local Address           Foreign Address         State       PID/Program name
tcp        0      0 192.168.122.1:53        0.0.0.0:*               LISTEN      2158/dnsmasq
tcp        0      0 0.0.0.0:22              0.0.0.0:*               LISTEN      1185/sshd
tcp        0      0 127.0.0.1:631           0.0.0.0:*               LISTEN      1176/cupsd
tcp        0      0 0.0.0.0:111             0.0.0.0:*               LISTEN      1/systemd
tcp6       0      0 :::22                   :::*                    LISTEN      1185/sshd
tcp6       0      0 ::1:631                 :::*                    LISTEN      1176/cupsd
tcp6       0      0 :::111                  :::*                    LISTEN      1/systemd
[root@192 ~]#
```

图 11-18　netstat 命令执行效果

2. ss(套接字统计信息)命令

在 Linux 系统下，ss(Socket Statistics)命令是一个功能强大的网络工具，用于显示当前系统的套接字(socket)统计信息，包括网络连接、监听端口、路由表、网络接口及多播组等。下面逐一详细叙述"ss -antup"命令及各参数的含义。

ss：显示所有的网络连接信息，包括 TCP、UDP 和 UNIX domain socket。

-a：显示所有的连接信息，包括已建立和等待状态的连接。

-n：使用数字形式显示 IP 地址和端口号，而不进行反向解析。这样可以提高输出效率。

-t：仅显示与 TCP 协议相关的连接信息。

-u：仅显示与 UDP 协议相关的连接信息。

-p：显示与连接/监听端口相关的进程信息。对于已建立连接，它将显示关联的进程 ID(PID)和进程名称。

例如，一般使用“ss –antup”命令显示所有正在监听的 TCP 和 UDP 连接，并显示与它们相关联的进程信息，同时使用数字形式显示 IP 地址和端口号，如图 11-19 所示。

执行“ss –antup”命令可以方便地查看当前系统上所有正在监听的 TCP 和 UDP 连接，并了解与其相关联的进程信息，这对于网络监控和故障排查非常有帮助。

3. 网络服务与端口号对应文件

在 Linux 系统中，"/etc/services"是一个文本文件，用于存储已知网络服务和相应端口号的映射关系。这个文件并不记录端口的实际使用情况，而是提供了一个标准的端口号和服务名称的列表，以便应用程序或系统管理员可以根据需要查找端口和服务的对应关系。

"/etc/services"文件的格式如图 11-20 所示。

```
[root@192 ~]# ss -antup
Netid State    Recv-Q   Send-Q       Local Address:Port        Peer Address:Port
udp   UNCONN   0        0          192.168.122.1:53               0.0.0.0:*       users:(("dnsmasq",pid=2158,fd=5))
udp   UNCONN   0        0         0.0.0.0%virbr0:67               0.0.0.0:*       users:(("dnsmasq",pid=2158,fd=3))
udp   UNCONN   0        0                0.0.0.0:111              0.0.0.0:*       users:(("rpcbind",pid=913,fd=5),("systemd",pid=1,fd=43))
udp   UNCONN   0        0                0.0.0.0:5353             0.0.0.0:*       users:(("avahi-daemon",pid=993,fd=15))
udp   UNCONN   0        0              127.0.0.1:323              0.0.0.0:*       users:(("chronyd",pid=1015,fd=6))
udp   UNCONN   0        0                0.0.0.0:42538            0.0.0.0:*       users:(("avahi-daemon",pid=993,fd=17))
udp   UNCONN   0        0                   [::]:36912               [::]:*       users:(("avahi-daemon",pid=993,fd=18))
udp   UNCONN   0        0                   [::]:111                 [::]:*       users:(("rpcbind",pid=913,fd=7),("systemd",pid=1,fd=45))
udp   UNCONN   0        0                   [::]:5353                [::]:*       users:(("avahi-daemon",pid=993,fd=16))
udp   UNCONN   0        0                  [::1]:323                 [::]:*       users:(("chronyd",pid=1015,fd=7))
tcp   LISTEN   0        32         192.168.122.1:53               0.0.0.0:*       users:(("dnsmasq",pid=2158,fd=6))
tcp   LISTEN   0        128              0.0.0.0:22               0.0.0.0:*       users:(("sshd",pid=1165,fd=6))
tcp   LISTEN   0        5              127.0.0.1:631              0.0.0.0:*       users:(("cupsd",pid=1167,fd=10))
tcp   LISTEN   0        128              0.0.0.0:111              0.0.0.0:*       users:(("rpcbind",pid=913,fd=4),("systemd",pid=1,fd=42))
tcp   LISTEN   0        128                 [::]:22                  [::]:*       users:(("sshd",pid=1165,fd=8))
tcp   LISTEN   0        5                  [::1]:631                 [::]:*       users:(("cupsd",pid=1167,fd=9))
tcp   LISTEN   0        128                 [::]:111                 [::]:*       users:(("rpcbind",pid=913,fd=6),("systemd",pid=1,fd=44))
[root@192 ~]#
```

图 11-19　ss 命令执行效果

```
# service-name  port/protocol  [aliases ...]   [# comment]

tcpmux          1/tcp                           # TCP port service multiplexer
tcpmux          1/udp                           # TCP port service multiplexer
rje             5/tcp                           # Remote Job Entry
rje             5/udp                           # Remote Job Entry
echo            7/tcp
echo            7/udp
discard         9/tcp           sink null
discard         9/udp           sink null
systat          11/tcp          users
systat          11/udp          users
```

图 11-20　网络服务与端口号对应文件

其中，各字段的含义如下。

service-name：服务的名称，用于标识网络服务的类型，通常是英文单词，比如 http 表示 HTTP 服务、ssh 表示 SSH 服务等。

port：端口号，表示该服务所使用的端口。端口号是一个 16 位的整数，范围从 0 到 65535。

protocol：协议类型，表示该服务所使用的传输层协议，通常是 tcp 或 udp。

aliases：别名，可以是服务的其他名称，用空格分隔。一些服务可能有多个别名，用于方便记忆和使用。

comment：注释，以“#”开头，用于注释该行的内容，不会被解释为服务信息。

例如：

```
http     80/tcp
https    443/tcp
ssh      22/tcp
ftp      21/tcp
```

上述示例显示了一些常见的服务及其默认端口号和协议类型。这意味着如果某个应用程序需要使用 HTTP 服务，通常会使用端口号 80，并使用 TCP 协议。

注意

"/etc/services"文件并不记录端口的实际使用情况，它只提供了一个映射表，告诉应用程序和系统服务在预定的端口上可以找到哪种服务。实际上，要想查看系统上正在使用的端口情况，可以执行 netstat 命令或 ss 命令，如之前提到的 ss -antup 命令。这些命令会显示当前系统上正在监听的端口以及与其相关联的进程信息。

11.5 查看与修改主机名

11.5.1 查看主机名的方法

在 Linux 系统中，有多种方法可以查看主机名(hostname)。

1. 使用 hostname 命令

在终端窗口中输入命令 hostname，将显示当前系统的主机名，如图 11-21 所示。

```
[root@192 ~]# hostname
192.168.174.130
[root@192 ~]# hostnamectl
   Static hostname: localhost.localdomain
Transient hostname: 192.168.174.130
         Icon name: computer-vm
           Chassis: vm
        Machine ID: 41c421cf770f492387a35ce03ced0d9e
           Boot ID: 535993cbbbcb471ab2f325d93bc26f3a
    Virtualization: vmware
  Operating System: Red Hat Enterprise Linux 8.0 (Ootpa)
       CPE OS Name: cpe:/o:redhat:enterprise_linux:8.0:GA
            Kernel: Linux 4.18.0-80.el8.x86_64
      Architecture: x86-64
[root@192 ~]#
```

图 11-21 查看主机名 1

2. 使用 hostnamectl 命令

使用 hostnamectl 命令会显示系统的主机名、操作系统版本、内核版本、架构、虚拟化信息等，如图 11-21 所示。

在图 11-21 中显示的主机名分成了“Static hostname”和“Transient hostname”。其中“Static hostname”表示静态主机名，静态主机名是系统的永久主机名，它在系统启动时设置并保持不变，除非管理员明确修改。这个主机名通常用于识别系统的唯一标识符，如在网络中识别主机或用于本地配置。静态主机名保存在"/etc/hostname"文件中，并在系统启动时加载。“Transient hostname”表示转义主机名，转义主机名是系统当前运行时使用的主机名，它可能与静态主机名不同。转义主机名可以根据系统的当前状态自动更改，如当系统连接到不同的网络或有其他网络配置变化时。转义主机名不会被保存到文件中，只在系统当前运行时生效。这里显示的转义主机名是本机的 IP 地址。

3. 查看/etc/hostname 文件

Linux 系统中的主机名通常保存在"/etc/hostname"文件中。可以使用文本编辑器或 cat 命令查看该文件的内容，如图 11-22 所示。

4. 查看/etc/hosts 文件

主机名也可以在"/etc/hosts"文件中找到。可以使用文本编辑器或 cat 命令查看该文件的内容，如图 11-22 所示。

```
[root@192 ~]# cat /etc/hostname
localhost.localdomain
[root@192 ~]# cat /etc/hosts
127.0.0.1   localhost localhost.localdomain localhost4 localhost4.localdomain4
::1         localhost localhost.localdomain localhost6 localhost6.localdomain6
[root@192 ~]# uname -n
192.168.174.130
[root@192 ~]#
```

图 11-22 查看主机名 2

在该文件的第一行通常会看到一个类似"127.0.0.1 localhost"的条目，其中 localhost 就是主机名。

5. 使用 uname -n 命令

uname 命令用于显示系统信息，其中就包括主机名。可以使用“uname –n”命令显示当前系统的主机名，如图 11-22 所示，这里显示的是本机的转义主机名，转义主机名是系统当前运行时使用的主机名，这里显示的转义主机名是本机的 IP 地址。

11.5.2 修改主机名的方法

1. 方法一

执行 hostnamectl 命令可以方便地查看、修改和设置系统的主机名和其他相关属性。

修改主机名，命令如下：

```
hostnamectl set-hostname <new_hostname>
```

执行上述命令将系统的主机名修改为<new_hostname>指定的新主机名。

执行命令“hostnamectl set-hostname linux1”将本机的主机名设置为 linux1，执行效果如图 11-23 所示。

```
[root@192 ~]# hostnamectl set-hostname linux1
[root@192 ~]# hostname
linux1
[root@192 ~]# hostnamectl
   Static hostname: linux1
         Icon name: computer-vm
           Chassis: vm
        Machine ID: 41c421cf770f492387a35ce03ced0d9e
           Boot ID: 58906aeca3354b13bf56be4a2dbb150a
    Virtualization: vmware
  Operating System: Red Hat Enterprise Linux 8.0 (Ootpa)
       CPE OS Name: cpe:/o:redhat:enterprise_linux:8.0:GA
            Kernel: Linux 4.18.0-80.el8.x86_64
      Architecture: x86-64
[root@192 ~]# 
```

图 11-23 设置主机名

注意

使用方法一修改主机名，需要退出并重新登录后方可生效，主机名一旦修改，会永久生效。

2. 方法二

执行命令“vim /etc/hostname”，修改主机名配置文件"/etc/hostname"，直接将文件中原来的主机名修改为新主机名，如 linux111。

注意

使用方法二修改主机名，需要重启系统后，新主机名才能生效。

课 后 作 业

11-1 写出查看 IP 地址的命令；ping 命令的作用是什么？运行 ping 命令后的两种效果是什么？如何来判断？

11-2 写出查看网关的两种方法。

11-3 写出查看 DNS 的方法。

11-4 写出查看网口、连接信息的方法。

11-5 写出动态(dhcp 自动获取)IP 地址的设置命令，连接名称为“Wired connection 1”。

11-6 写出静态(static)IP 地址的设置命令。连接名称为“Wired connection 1”，IP 地址为“172.25.250.111”，子网掩码为 24 位，网关为“172.25.250.254”，DNS 服务器为“172.25.250.254”。

11-7 使用两种方法实现：将主机名修改为自己名字的汉语拼音。

第12章

防火墙 Firewalld 管理

本章知识点结构图

防火墙Firewalld管理
- 防火墙Firewalld概述
- 防火墙Firewalld管理技巧
- 防火墙Firewalld日常管理实例测试

本章介绍使用 Firewalld 来管理防火墙的相关内容。重点介绍在 RHEL8 系统中使用 Firewalld 管理防火墙的一些技巧：包含如何启动和停止 Firewalld 服务，如何将其设置为开机自启，如何使用命令行来配置防火墙区域规则等。

本章旨在帮助读者掌握在 RHEL8 系统中使用 Firewalld 管理防火墙的基本概念和技巧，从而提高系统的网络安全性，并更好地保护系统免受潜在的网络威胁。

12.1 防火墙 Firewalld 概述

Firewalld 是一个用于管理防火墙规则的动态防火墙管理工具，适用于许多现在的 Linux 发行版，包括 RHEL、CentOS、Fedora 等。它提供了一个简化且用户友好的界面，使配置和管理防火墙规则变得更加容易。

(1) 动态防火墙。Firewalld 是一种动态防火墙，这意味着用户可以在运行时添加、修改或删除防火墙规则，而无需重新启动服务或中断网络连接。这种实时更新的能力使 Firewalld 更加灵活和适应性更强。

(2) 基于区域的配置。Firewalld 采用了区域(Zone)的概念来管理不同的网络接口和安全策略。每个网络接口可以分配给一个特定的区域，不同区域之间的规则可以相互隔离。常见的预定义区域包括 public、internal、trusted、work、home、dmz 等，也可以创建自定义区域来适应特定的网络环境。

(3) 服务和端口。Firewalld 支持通过服务名来定义规则，而不仅是传统的基于端口的规则。预定义的服务通常与特定应用或协议相关联，如 SSH、HTTP、HTTPS 等。通过使用服务名，可以简化规则的配置并提高可读性。

(4) 命令行界面和图形用户界面。Firewalld 提供了命令行界面 firewall-cmd 用于交互式地配置和管理防火墙规则，也提供了图形用户界面 firewall-config，更适合于没有命令行经验的用户使用。

(5) 持久性配置。Firewalld 可以在运行时临时配置规则，也可以将规则保存到持久性配置中以在下次启动时恢复。通过使用--permanent 选项，可以将规则永久性地保存到配置文件中。

(6) 日志和审计。Firewalld 通过生成日志记录文件来记录防火墙活动，这对于排查问题和安全审计非常有用。

(7) Rich Rules。除了简单的服务和端口规则外，Firewalld 还支持复杂规则(Rich Rules)，可以通过这些规则来定义更精细的流量控制和拦截。

(8) IPv6 支持。Firewalld 支持 IPv4 和 IPv6 的防火墙规则配置，使系统能够充分利用 IPv6 的网络安全特性。

(9) 系统默认规则。Firewalld 在安装后会加载一个默认区域，通常是 public 区域。默认区域中包含一组基本规则，旨在提供基本的网络保护。可以根据实际需求修改默认区域的规则，或者创建新的区域。

总体而言，Firewalld 提供了一个强大而灵活的防火墙管理工具，使配置和管理防火墙规则变得更加简单，并能保护用户的系统免受来自网络的潜在威胁。对于大多数 Linux 用户和管理员来说，Firewalld 是一个很好的选择，特别是对于那些希望简化防火墙配置的人来说更是如此。

12.2 防火墙 Firewalld 的管理技巧

在 RHEL8 中，防火墙的管理由 Firewalld 来负责。Firewalld 是一个用户友好的防火墙管理工具，用于配置和管理防火墙规则，它基于 D-Bus 和 iptables，提供了一个动态、简化的接口来保护系统免受网络攻击。

1. Firewalld 的优势

(1) 动态更新：Firewalld 可以在运行时动态更新防火墙规则，无需重启服务或中断网络连接。

(2) 基于区域的规则：Firewalld 通过定义不同的区域(如 public、internal、dmz 等)来管理不同的网络接口和安全策略。

(3) 支持服务和端口：除了传统的基于端口的防火墙规则，Firewalld 还支持通过服务名来允许或拒绝流量。

(4) 用户友好：Firewalld 提供了一个易于使用的命令行界面和图形用户界面，使配置和管理更加简单。

2. Firewalld 的组件

(1) firewalld 服务：这是 Firewalld 的后台服务，负责实际的防火墙规则管理和网络包过滤。

(2) firewall-cmd：这是 Firewalld 的命令行界面，用于交互式地配置和管理防火墙规则。

(3) firewall-config：这是 Firewalld 的图形用户界面 (GUI)，提供了更直观和易于理解的方式来配置防火墙规则。

3. 安装与启动 Firewalld

RHEL8 已经预安装了 Firewalld，可以使用以下命令来启动 Firewalld 服务并设置开机自启动：

```
systemctl start firewalld
systemctl enable firewalld
```

4. Firewalld 默认区域

Firewalld 在启动时会加载一个默认的区域，称为 public 区域。默认情况下，这个区域包含一组预定义规则，旨在提供基本的网络保护。用户可以使用以下命令查看当前默认区域：

```
firewall-cmd --get-default-zone
```

5. Firewalld 的区域和规则

区域定义了一个网络接口或一个网络连接所处的环境。每个区域都有自己的规则集。

RHEL8 预定义了几个常用的区域，如 public、trusted、internal、work、home、dmz 等。可以在"/usr/lib/firewalld/zones/"目录中找到这些预定义的区域配置文件。

每个区域配置文件中都包含一组允许或拒绝特定服务、端口和其他规则的设置。

6. Firewalld 的命令行基本操作

(1) 查看所有可用的防火墙区域规则，命令如下：

```
firewall-cmd --get-zones
```

(2) 查看默认的防火墙区域规则，命令如下：

```
firewall-cmd --list-all
```

(3) 查看当前活动的防火墙区域规则，命令如下：

```
firewall-cmd --get-active-zones
```

(4) 查看特定的防火墙区域规则，命令如下：

```
firewall-cmd --zone=zone_name --list-all
```

(5) 修改默认的防火墙区域规则，命令如下：

```
firewall-cmd --set-default-zone=zone_name
```

(6) 添加服务到区域，命令如下：

```
firewall-cmd --zone=zone_name --add-service=service_name [--permanent]
```

(7) 添加端口到区域，命令如下：

```
firewall-cmd --zone=zone_name --add-port=port_number/tcp [--permanent]
```

(8) 移除服务或端口，命令如下：

```
firewall-cmd --zone=zone_name --remove-service=service_name [--permanent]
```

或

```
firewall-cmd --zone=zone_name --remove-port=port_number/tcp [--permanent]
```

(9) 重新加载防火墙规则，命令如下：

```
firewall-cmd --reload
```

7. 持久性规则

在运行时添加的规则是临时的，系统重启后会失效。要使规则持久生效，需要加上"--permanent"参数，然后使用“--reload”命令重新加载规则。

8. 自定义区域和规则

可以创建自定义的区域和规则，也可以修改默认区域的配置文件来满足特定的需求。自定义区域的配置文件放在"/etc/firewalld/zones/"目录中，并且命名为 zone_name.xml。

9. 使用图形界面

如果你喜欢使用图形界面进行配置，可以执行 firewall-config 命令来打开 Firewalld 的图形用户界面。

10. Firewalld 日志

Firewalld 可以生成日志来记录防火墙规则的使用情况。默认情况下，日志位于"/var/log/firewalld"目录下。

注意，对于复杂的防火墙需求，可能需要深入了解 iptables 和 Firewalld 的工作原理，以便更好地制定防火墙规则。此外，建议在修改防火墙配置之前备份现有规则，以防止意外的网络中断。

12.3 防火墙 Firewalld 日常管理实例测试

在 RHEL8 下，对防火墙 Firewalld 进行以下操作：启动服务、停止服务、设置开机自启、查看服务状态、判断是否开机自启；查看所有可用的防火墙区域规则；查看默认的防火墙区域规则；查看当前活动的防火墙区域规则；修改防火墙默认的区域规则。

(1) 启动 Firewalld 服务，命令如下：

```
systemctl start firewalld
```

(2) 停止 Firewalld 服务，命令如下：

```
systemctl stop firewalld
```

(3) 设置 Firewalld 开机自启，命令如下：

```
systemctl enable firewalld
```

(4) 设置 Firewalld 开机不自启，命令如下：

```
systemctl disable firewalld
```

(5) 判断 Firewalld 开机是否自启，命令如下：

```
systemctl is-enable firewalld
```

(6) 查看 Firewalld 服务状态，命令如下：

```
systemctl status firewalld
```

具体效果如图 12-1 所示。

```
[root@linux111 ~]# systemctl start firewalld
[root@linux111 ~]# systemctl stop firewalld
[root@linux111 ~]# systemctl enable firewalld
[root@linux111 ~]# systemctl is-enabled firewalld
enabled
[root@linux111 ~]# systemctl disable firewalld
Removed /etc/systemd/system/multi-user.target.wants/firewalld.service.
Removed /etc/systemd/system/dbus-org.fedoraproject.FirewallD1.service.
[root@linux111 ~]# systemctl is-enabled firewalld
disabled
[root@linux111 ~]# systemctl start firewalld
[root@linux111 ~]# systemctl status firewalld
● firewalld.service - firewalld - dynamic firewall daemon
   Loaded: loaded (/usr/lib/systemd/system/firewalld.service; disabled; vendor preset:
   Active: active (running) since Tue 2023-08-01 11:49:08 CST; 6s ago
     Docs: man:firewalld(1)
 Main PID: 4596 (firewalld)
    Tasks: 2 (limit: 11380)
   Memory: 21.2M
   CGroup: /system.slice/firewalld.service
           └─4596 /usr/libexec/platform-python -s /usr/sbin/firewalld --nofork --nopid
```

图 12-1 防火墙 Firewalld 的基本管理命令

(7) 查看所有可用的防火墙区域，命令如下：

```
firewall-cmd --get-zones
```

这个命令将列出所有可用的防火墙区域，如 public、home、internal、work 等，如图 12-2 所示。

(8) 查看默认的防火墙区域规则，命令如下：

```
firewall-cmd --list-all
```

该命令用于显示当前活动区域(默认区域)的所有防火墙规则、服务、端口和其他配置信息，如图 12-2 所示。

```
[root@linux111 ~]# firewall-cmd --get-zones
block dmz drop external home internal libvirt public trusted work
[root@linux111 ~]# firewall-cmd --list-all
public (active)
  target: default
  icmp-block-inversion: no
  interfaces: ens160
  sources:
  services: cockpit dhcpv6-client ssh
  ports:
  protocols:
  masquerade: no
  forward-ports:
  source-ports:
  icmp-blocks:
  rich rules:

[root@linux111 ~]#
```

图 12-2　防火墙 Firewalld 的区域规则命令 1

图 12-2 中各参数的详细含义如下。

public (active)(区域信息)：当前活动区域为 public，并且已经激活(active)。

target(目标)：显示为 default，表示没有特别的目标限制。

icmp-block-inversion：此选项设置是否反转 ICMP 阻塞，no 表示未反转。

interfaces(接口)：当前活动区域绑定到网络接口 ens160。

sources(源地址)：没有指定源地址限制。

services(服务)：允许 cockpit、dhcpv6-client 和 ssh 服务通过防火墙。

ports(端口)：没有允许的端口通过防火墙。

protocols(协议)：没有指定特定的协议。

masquerade：此选项设置是否启用网络地址转换(MASQUERADE)，no 表示未启用。

forward-ports(转发端口)：没有指定端口转发规则。

source-ports(源端口)：没有指定源端口限制。

icmp-blocks(ICMP 阻塞)：没有指定特定的 ICMP 阻塞。

rich rules(富规则)：没有定义富规则。

(9) 查看当前活动的防火墙区域规则，命令如下：

```
firewall-cmd --get-active-zones
```

该命令用于获取当前系统中正在活动(生效)的网络接口及其所属的防火墙区域。系统中的每个网络接口可能属于不同的区域，该命令可以帮助你查看每个网络接口的当前区域，以便了解当前防火墙的配置状态。

从图 12-3 所示的输出中可以看到，当前系统中有两个活动的网络接口，即 virbr0 和

ens160，其中 ens160 接口属于 public 区域，这意味着 ens160 网络接口的流量将受到 public 区域的防火墙规则的影响，而 virbr0 接口属于 libvirt 区域。

```
[root@linux111 ~]# firewall-cmd --get-active-zones
libvirt
  interfaces: virbr0
public
  interfaces: ens160
[root@linux111 ~]#
```

图 12-3　防火墙 Firewalld 的区域规则命令 2

(10) 修改防火墙默认的区域规则，命令如下：

```
firewall-cmd --set-default-zone=trusted
```

该命令将防火墙默认的区域规则修改为 trusted，如图 12-4 所示。

```
[root@linux111 ~]# firewall-cmd --set-default-zone=trusted
success
[root@linux111 ~]# firewall-cmd --get-active-zones
libvirt
  interfaces: virbr0
trusted
  interfaces: ens160
[root@linux111 ~]# firewall-cmd --list-all
trusted (active)
  target: ACCEPT
  icmp-block-inversion: no
  interfaces: ens160
  sources:
  services:
  ports:
  protocols:
  masquerade: no
  forward-ports:
  source-ports:
  icmp-blocks:
  rich rules:

[root@linux111 ~]#
```

图 12-4　修改防火墙 Firewalld 默认的区域规则

课 后 作 业

12-1 RHEL8 下有哪些常用的防火墙 Firewalld 区域规则？

12-2 写出启动防火墙 Firewalld 服务、查看防火墙 Firewalld 服务状态的命令。

12-3 写出查看默认的防火墙区域规则和修改防火墙默认的区域规则的命令。

第 13 章 SELinux 管理

本章知识点结构图

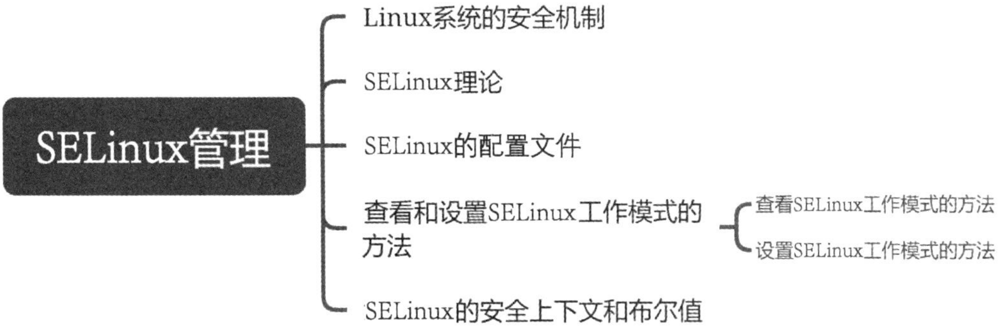

- SELinux管理
  - Linux系统的安全机制
  - SELinux理论
  - SELinux的配置文件
  - 查看和设置SELinux工作模式的方法
    - 查看SELinux工作模式的方法
    - 设置SELinux工作模式的方法
  - SELinux的安全上下文和布尔值

本章涵盖 Linux 系统中安全增强型模块 SELinux 的关键内容，主要包括 Linux 系统的安全机制、SELinux 的理论基础、SELinux 的配置文件、查看和设置 SELinux 工作模式的方法以及 SELinux 的安全上下文和布尔值等内容。

通过本章对 SELinux 管理的全面介绍，读者将对 SELinux 有深入的认识和理解。同时，读者将获得实际操作 SELinux 的技能，使其能够有效地应用 SELinux，以提高系统的整体安全性。

13.1 Linux 系统的安全机制

Linux 系统的安全机制可分为以下 5 方面。

1. 身份与访问管理

(1) 用户与组权限。Linux 系统使用 chmod 和 chown 命令来控制文件和目录的访问权限和所有者。

(2) 访问控制列表(ACLs)。setfacl 命令允许在文件和目录上设置更精细的权限控制，以允许或拒绝特定用户或组的访问。

2. 网络服务安全

网络服务的安全性可以通过编辑配置文件(如"/etc/*.conf")来实现。这些配置文件可以限制服务的访问、启用或禁用特定功能，以及设置其他与安全相关的选项。

3. 防火墙与网络过滤

Linux 系统通过防火墙来过滤网络流量。防火墙规则(如 firewall-cmd)允许管理员控制进出系统的网络流量，从而防止不必要的网络连接或网络攻击。

4. 强制访问控制

SELinux 是一种强制访问控制机制，它在 Linux 系统中提供了额外的安全层。通过定义安全策略和标签，SELinux 可以限制进程和用户对资源的访问，并防止未经授权的访问。

5. 其他安全层

(1) 包管理。保持系统软件包更新，及时修补漏洞，以减少潜在的安全风险。

(2) 安全审计。开启安全审计功能，记录系统的操作和事件，便于后续审查安全问题。

(3) 入侵检测与防御。使用入侵检测系统(IDS)或入侵防御系统(IPS)来监控和防御恶意行为。

综上所述，Linux 系统的安全机制包括身份与访问管理、网络服务安全、防火墙与网络过滤、强制访问控制(SELinux)以及其他安全层。通过综合使用这些层面的安全措施，可以提高 Linux 系统的整体安全性，并降低系统面临的潜在威胁。

13.2 SELinux 理论

SELinux(Security-Enhanced Linux)是一种安全增强型的 Linux 安全模块，最初由美国国家安全局(NSA)开发，并被整合到 Linux 内核中。其目标是在传统 Linux 权限模型(基于用户和组的权限控制)之上提供更严格、更细粒度的安全控制，以防止未经授权的访问和提供更强大的安全保护。SELinux 可以实施强制访问控制(MAC)，在系统层面强制执行安全策略。

SELinux 的理论基础是基于 Bell-LaPadula 模型和 Biba 模型，这些模型是计算机安全中的重要理论基石。这些模型主要涉及数据的机密性和完整性。在 SELinux 中，每个对象(文件、进程、端口等)都会被赋予一个安全上下文，其中包含一个安全策略，称为标签(label)。这些标签用于控制对象之间的访问权限。其工作原理如下。

(1) 安全上下文。在 SELinux 中，每个对象都有一个唯一的安全上下文，由 3 个部分组成，即用户标识(User Identifier，UID)、角色标识(Role Identifier，RID)和类型标识(Type Identifier，TID)。安全上下文使用字符串表示，通常以 user:role:type 的形式呈现。例如，一个常见的安全上下文可能是 user_u:object_r:httpd_t，表示用户为 user_u，角色为 object_r，类型为 httpd_t。

(2) 策略规则。SELinux 策略由一组规则组成，这些规则决定了哪些进程可以访问哪些对象以及以什么方式进行访问。策略规则在安全上下文之间进行匹配，如果匹配成功，则授权访问；否则，访问将被拒绝。

(3) 强制访问控制(MAC)。传统的 Linux 权限模型是基于主体(用户/进程)拥有的权限进行访问控制，这被称为自主访问控制(DAC)。而 SELinux 采用了强制访问控制(MAC)的方法。在 MAC 中，访问决策不仅取决于主体的权限，还取决于对象的安全上下文和预定义的策略规则。即使主体具有足够的权限，如果策略规则不允许该访问，那么访问也将被拒绝。

(4) 弹性与灵活性。SELinux 的策略是高度可配置的，管理员可以根据实际需求进行定制。SELinux 提供了一组工具和命令来管理安全策略，包括 semanage、setsebool、sestatus 等。管理员可以调整和修改策略规则，以适应不同应用程序和环境的需求。

13.3 SELinux 的配置文件

"/etc/selinux/config"是 SELinux 的主要配置文件，用于设置系统的全局 SELinux 策略。该文件包含一个变量 SELINUX，用于指定 SELinux 的运行模式。常见的选项包括以下几个。

(1) Enforcing：强制执行模式，SELinux 会严格执行安全策略并拒绝不符合规则的访问。

(2) Permissive：宽容模式，SELinux 会记录违反规则的访问，但不会拒绝访问。

(3) Disabled：禁用 SELinux，不会进行任何安全策略检查。

13.4 查看和设置 SELinux 工作模式的方法

13.4.1 查看 SELinux 工作模式的方法

1. 使用命令行工具 getenforce

打开终端并输入 getenforce 命令，输出将显示当前 SELinux 的工作模式，可能是 Enforcing(强制执行模式)、Permissive(宽容模式)或 Disabled(禁用模式)。在图 13-1 中，当前 SELinux 的工作模式是 Enforcing。

2. 检查配置文件"/etc/selinux/config"

可以使用 VI 编辑器打开"/etc/selinux/config"文件，并查找 SELINUX 变量。其值将指示 SELinux 的工作模式。在图 13-1 中，当前 SELinux 的工作模式是 Enforcing。

```
[root@linux111 ~]# getenforce
Enforcing
[root@linux111 ~]# cat /etc/selinux/config

# This file controls the state of SELinux on the system.
# SELINUX= can take one of these three values:
#     enforcing - SELinux security policy is enforced.
#     permissive - SELinux prints warnings instead of enforcing.
#     disabled - No SELinux policy is loaded.
SELINUX=enforcing
# SELINUXTYPE= can take one of these three values:
#     targeted - Targeted processes are protected,
#     minimum - Modification of targeted policy. Only selected processes are protected.
#     mls - Multi Level Security protection.
SELINUXTYPE=targeted


[root@linux111 ~]# 
```

图 13-1 查看 SELinux 的工作模式

13.4.2 设置 SELinux 工作模式的方法

(1) 临时设置工作模式。使用 setenforce 命令可以临时更改 SELinux 的工作模式，但重启后会恢复到配置文件中的设置。在终端中执行以下命令：

```
setenforce 0    # 设置为 Permissive 模式
setenforce 1    # 设置为 Enforcing 模式
```

在图 13-2 中，使用 setenforce 命令分别将 SELinux 的工作模式设置成了 Permissive 模式和 Enforcing 模式。

```
[root@linux111 ~]# setenforce 0
[root@linux111 ~]# getenforce
Permissive
[root@linux111 ~]# setenforce 1
[root@linux111 ~]# getenforce
Enforcing
[root@linux111 ~]#
```

图 13-2 临时设置 SELinux 工作模式

(2) 永久设置工作模式。要想永久更改 SELinux 的工作模式，需要修改配置文件"/etc/selinux/config"。使用文本编辑器打开文件并找到 SELINUX 变量，将其值更改为 Enforcing、Permissive 或 Disabled，然后保存文件并重新启动系统生效。例如：

```
SELINUX=enforcing    # 强制执行模式
SELINUX=permissive   # 宽容模式
SELINUX=disabled     # 禁用 SELinux
```

执行命令"vim /etc/selinux/config"修改 SELinux 的配置文件，将参数 SELINUX 的值修改为 Permissive，如图 13-3 所示。

```
# This file controls the state of SELinux on the system.
# SELINUX= can take one of these three values:
#     enforcing - SELinux security policy is enforced.
#     permissive - SELinux prints warnings instead of enforcing.
#     disabled - No SELinux policy is loaded.
SELINUX=permissive
# SELINUXTYPE= can take one of these three values:
#     targeted - Targeted processes are protected,
#     minimum - Modification of targeted policy. Only selected processes are protected.
#     mls - Multi Level Security protection.
SELINUXTYPE=targeted
```

图 13-3 修改 SELinux 的配置文件

重启系统测试，发现 SELINUX 的值被修改成为 Permissive。

注意，禁用 SELinux 可能会降低系统的安全性。在更改 SELinux 工作模式之前，应确保了解系统中运行的应用程序和服务对 SELinux 的要求，以免导致系统不稳定或面临潜在的安全风险。在生产环境中建议将 SELinux 保持在强制执行模式，并根据需要进行细粒度的策略配置。

13.5 SELinux 的安全上下文和布尔值

SELinux 的安全上下文和布尔值是 SELinux 中用于实施强制访问控制的两个关键概念。它们在 SELinux 策略中起着重要作用，用于标识和限制进程、文件、目录、端口等系统资源的访问权限。

1. 安全上下文

安全上下文(Security Contexts)是 SELinux 中用于标识系统资源的一种唯一标识。它由 3 个部分组成，即用户标识、角色标识和类型标识。安全上下文的格式通常是 user:role:type。

安全上下文用于决定哪些进程或对象可以访问特定的资源，从而在 SELinux 的强制访问控制中发挥关键作用。它确保资源只能被授权的主体访问，即使传统的权限(如文件权限)允许其他操作也不会通过 SELinux 的策略检查。

2. 布尔值

布尔值(Booleans)是 SELinux 策略中用于控制不同功能和访问权限的开关。它们允许管理员在不改变策略规则的情况下调整特定功能或权限的设置。布尔值的设置是针对特定场景或应用程序的，可以根据实际需求进行调整。

布尔值通常是开启(on)或关闭(off)的状态，并以 selinuxname 为标识。例如，一个布尔值可以是 httpd_can_network_connect，它控制 Apache HTTP 服务器是否允许网络连接。

管理布尔值通常使用“semanage boolean”命令或图形界面工具。可以使用“semanage boolean –l”来列出当前系统中可用的布尔值，并使用“semanage boolean -m -1”或“semanage boolean -m -0”来启用或禁用相应的布尔值。

使用布尔值，管理员可以在保持 SELinux 强制访问控制的情况下，根据应用程序或服务的需要进行一定程度的灵活配置。

综上所述，SELinux 的安全上下文和布尔值是实施强制访问控制的两个关键概念。安全上下文用于标识资源，确保只有授权的主体可以访问，而布尔值是用于控制特定功能和权限的开关，以提供更灵活的策略配置。这两个概念共同构成了 SELinux 强大的安全机制。

课 后 作 业

13-1 简述查看 SELinux 工作模式的方法。

13-2 写出临时设置 SELinux 工作模式的命令。

13-3 叙述永久设置 SELinux 工作模式为 Permissive 的方法。

第14章 归档压缩技术

本章知识点结构图

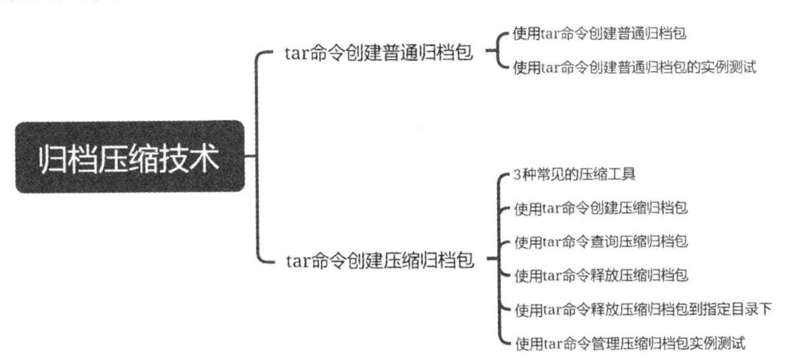

本章介绍了归档压缩技术，这是一种在计算机领域常用的数据处理技术，可以将多个文件和目录打包成一个归档包，并且可以选择是否进行压缩，以节省存储空间并且方便传输。包含了使用 tar 命令创建普通归档包、使用 tar 命令创建压缩归档包以及 3 种常见的归档压缩技术的使用技巧。

归档压缩技术在计算机领域非常实用，本章的内容将帮助你掌握并灵活应用这一技术，提升数据处理的效率和优化存储资源。

14.1 tar 命令创建普通归档包

tar 是一个在 Unix 和类 Unix 系统中常用的归档工具，用于将多个文件或目录打包成一个单一的归档文件，也可以从归档文件中提取文件。tar 命令可以用来创建备份、压缩和传输文件，它通常与其他压缩工具(如 gzip 或 bzip2)一起使用，以实现更好的压缩效果。

14.1.1 使用 tar 命令创建普通归档包

tar 命令的语法格式如下：

```
tar [选项] [归档文件] [文件或目录...]
```

tar 命令常用的选项及其含义如下。

-c：创建新的归档文件。

-x：从归档文件中提取，释放文件。

-v：显示详细的操作信息(verbose mode)。

-f：指定归档文件名。后面紧跟归档文件的名称。

-z：通过 gzip 压缩或解压缩归档文件(.tar.gz 或.tgz)。

-j：通过 bzip2 压缩或解压缩归档文件(.tar.bz2 或.tbz2)。

-r：向现有的归档文件中添加文件。

-t：列出归档文件中的内容。

-u：仅添加较新的文件到归档文件中。

-A：追加一个归档文件到另一个归档文件中。

14.1.2 使用 tar 命令创建普通归档包的实例测试

(1) 创建归档文件，命令如下：

```
tar -cvf archive.tar file1.txt file2.txt dir1/
```

这个命令会将 file1.txt、file2.txt 以及"dir1/"目录打包成一个名为 archive.tar 的归档文件。使用-c 选项来创建归档、-v 选项显示详细信息、-f 选项后跟归档文件名。

(2) 释放归档文件，命令如下：

```
tar -xvf archive.tar
```

这个命令将从 archive.tar 归档文件中释放出所有的文件和目录。使用-x 选项来释放、-v 选项显示详细信息、-f 选项后跟归档文件名。

14.2 tar 命令创建压缩归档包

14.2.1 3 种常见的压缩工具

1. gzip (.gz)

gzip 是一种使用 DEFLATE 算法进行数据压缩的工具，它通常用于将文件压缩成带.gz 后缀的压缩文件。压缩后的文件扩展名为.gz。

2. bzip2 (.bz2)

bzip2 使用 Burrows-Wheeler 转换和霍夫曼编码进行数据压缩，它通常用于将文件压缩成带.bz2 后缀的压缩文件。压缩后的文件扩展名为.bz2。

3. xz (.xz)

xz 使用 LZMA2 算法进行数据压缩，它通常用于将文件压缩成带.xz 后缀的压缩文件。压缩后的文件扩展名为.xz。

注意

压缩文件的选择取决于实际情况和需求。gzip 在速度和压缩比之间提供了较好的平衡；bzip2 提供了更高的压缩比但压缩速度较慢；而 xz 在压缩比方面提供了更好的性能，但相应压缩时间会更长。

14.2.2 使用 tar 命令创建压缩归档包

1. gzip (.gz)

使用 tar 命令创建.gz 类型的压缩归档包时，需要在 tar 命令后添加参数-z 来调用 gzip 工具进行压缩。命令如下：

```
tar -zcvf bgl.tar.gz /etc
```

执行命令“tar -zcvf bgl.tar.gz /etc”的效果是将"/etc/"目录进行压缩归档，生成压缩归档包"bgl.tar.gz"。

```
tar -zcvf aaa.tar.gz 111.txt 222.txt
```

执行命令“tar -zcvf aaa.tar.gz 111.txt 222.txt”的效果是将 111.txt 和 222.txt 文件进行压缩归档，生成压缩归档包"aaa.tar.gz"。

2. bzip2 (.bz2)

使用 tar 命令创建.bz2 的压缩归档包时，需要在 tar 命令后添加参数"-j"来调用 bzip2 工具进行压缩。命令如下：

```
tar -jcvf bgl.tar.bz2 /etc
```

执行命令“tar -jcvf bgl.tar.bz2 /etc”的效果是将"/etc/"目录进行压缩归档，生成压缩归档包"bgl.tar.bz2"。

```
tar -jcvf aaa.tar.bz2 111.txt 222.txt
```

执行命令“tar -jcvf aaa.tar.bz2 111.txt 222.txt”的效果是将 111.txt 和 222.txt 文件进行压缩归档，生成压缩归档包"aaa.tar.bz2"。

3. xz (.xz)

使用 tar 命令创建压缩归档包时，需要在 tar 命令后添加参数"-J"来调用 xz 工具进行压缩。命令如下：

```
tar -Jcvf bgl.tar.xz /etc
```

执行命令“tar -Jcvf bgl.tar.xz /etc”的效果是将"/etc/"目录进行压缩归档，生成压缩归档包"bgl.tar.xz"。

```
tar -Jcvf aaa.tar.xz 111.txt 222.txt
```

执行命令“tar -Jcvf aaa.tar.xz 111.txt 222.txt”的效果是将 111.txt 和 222.txt 文件进行压缩归档，生成压缩归档包"aaa.tar.xz"。

14.2.3 使用 tar 命令查询压缩归档包

使用 tar 命令查询压缩归档包时，需要在 tar 命令后添加参数-t 来列出归档文件中的内容，添加参数"-f"指定压缩归档包的名字。

(1) gzip (.gz)。命令如下：

```
tar -tf aaa.tar.gz
```

执行命令“tar -tf aaa.tar.gz”的效果是列出压缩归档包"aaa.tar.gz"的内容。

(2) bzip2 (.bz2)。命令如下：

```
tar -tf aaa.tar.bz2
```

执行命令“tar -tf aaa.tar.bz2”的效果是列出压缩归档包"aaa.tar.bz2"的内容。

(3) xz (.xz)。命令如下：

```
tar -tf aaa.tar.xz
```

执行命令“tar -tf aaa.tar.xz”的效果是列出压缩归档包"aaa.tar.xz"的内容。

14.2.4 使用 tar 命令释放压缩归档包

使用 tar 命令释放压缩归档包时，需要在 tar 命令后添加参数"-x"，默认释放在当前目录下。

(1) gzip (.gz)。命令如下：

```
tar -xzvf aaa.tar.gz
```

执行命令“tar -xzvf aaa.tar.gz”的效果是释放压缩归档包"aaa.tar.gz"到当前目录下。

(2) bzip2 (.bz2)。命令如下：

```
tar -xjvf aaa.tar.bz2
```

执行命令“tar -xjvf aaa.tar.bz2”的效果是释放压缩归档包"aaa.tar.bz2"到当前目录下。

(3) xz (.xz)。命令如下：

```
tar -xJvf aaa.tar.xz
```

执行命令“tar -xJvf aaa.tar.xz”的效果是释放压缩归档包"aaa.tar.xz"到当前目录下。

14.2.5 使用 tar 命令释放压缩归档包到指定目录下

如果想使用 tar 命令释放压缩归档包到指定目录下，需要在 tar 命令后添加参数"-C"，其后是要释放的目标目录。

(1) gzip (.gz)。命令如下：

```
tar -xzvf aaa.tar.gz -C /666
```

执行命令“tar -xzvf aaa.tar.gz -C /666”的效果是释放压缩归档包"aaa.tar.gz"到目录"/666"下。

(2) bzip2 (.bz2)。命令如下：

```
tar -xjvf bgl.tar.bz2 -C /666
```

执行命令“tar -xjvf bgl.tar.bz2 -C /666”的效果是释放压缩归档包"bg1.tar.bz2"到目录"/666"下。

(3) xz (.xz)。命令如下：

```
tar -xJvf aaa.tar.xz -C /666
```

执行命令“tar -xJvf aaa.tar.xz -C /666”的效果是释放压缩归档包"aaa.tar.xz"到目录"/666"下。

14.2.6 使用 tar 命令管理压缩归档包实例测试

创建一个名为"/root/backup.tar.gz"的 tar 存档，其应包含"/usr/local"的内容。该 tar 存档必须使用 gzip 进行压缩；将"/etc"目录归档并压缩到"/root/backup.tar.bz2"，使用 bzip2 压缩；将"/tmp"目录归档并压缩到"/root/backup.tar.xz"，使用 xz 压缩；查看这些归档压缩包；将这些归档压缩包释放到当前目录下。

创建归档压缩包，命令如下：

```
tar -zcvf /root/backup.tar.gz /usr/local
tar -jcvf /root/backup.tar.bz2 /etc
tar -Jcvf /root/backup.tar.xz /tmp/
```

以上命令执行效果如图 14-1 所示。

```
  470  tar -zcvf /root/backup.tar.gz /usr/local
  471  tar -jcvf /root/backup.tar.bz2 /etc
  472  tar -Jcvf /root/backup.tar.xz /tmp/
  473  ll
  474  history
[root@linux111 ~]# ll
total 4636
-rw-------. 1 root root    2651 Jul 14 06:24 anaconda-ks.cfg
-rw-r--r--. 1 root root 4728403 Aug  3 05:38 backup.tar.bz2
-rw-r--r--. 1 root root     555 Aug  3 05:38 backup.tar.gz
-rw-r--r--. 1 root root    1192 Aug  3 05:38 backup.tar.xz
drwxr-xr-x. 2 root root       6 Jul 14 06:26 Desktop
```

图 14-1 使用 tar 命令创建压缩归档包

查看归档压缩包，命令如下：

```
tar -tf /root/backup.tar.gz
tar -tf /root/backup.tar.bz2
tar -tf /root/backup.tar.xz
```

释放归档压缩包，命令如下：

```
tar -zxvf /root/backup.tar.gz
tar -jxvf /root/backup.tar.bz2
tar -Jxvf /root/backup.tar.xz
```

执行 ll 命令查看当前目录下的内容。从图 14-2 中可以看出，经过释放后，在当前目录下生成了 3 个原始对象，即"/etc"、"/tmp"和"/usr/local"。

```
[root@linux111 ~]# ll
total 4652
-rw-------.   1 root root    2651 Jul 14 06:24 anaconda-ks.cfg
-rw-r--r--.   1 root root 4728403 Aug  3 05:38 backup.tar.bz2
-rw-r--r--.   1 root root     555 Aug  3 05:38 backup.tar.gz
-rw-r--r--.   1 root root    1192 Aug  3 05:38 backup.tar.xz
drwxr-xr-x.   2 root root       6 Jul 14 06:26 Desktop
drwxr-xr-x.   2 root root       6 Jul 14 06:26 Documents
drwxr-xr-x.   2 root root       6 Jul 14 06:26 Downloads
drwxr-xr-x. 146 root root    8192 Aug  3 05:26 etc
drwxr-xr-x.   2 root root       6 Jul 14 06:26 Music
drwxr-xr-x.   2 root root       6 Jul 24 17:12 my1
-rw-r--r--.   1 root root       0 Jul 24 17:12 my2.txt
drwxrw-rw-.   2 root root       6 Jul 24 17:56 my3
-rw-rw-rw-.   1 root root       0 Jul 24 17:57 my4.txt
-rw-------.   1 root root    2064 Jul 14 06:24 original-ks.cfg
drwxr-xr-x.   2 root root       6 Jul 14 06:26 Pictures
drwxr-xr-x.   2 root root       6 Jul 14 06:26 Public
drwxr-xr-x.   2 root root       6 Jul 14 06:26 Templates
drwxrwxrwt.  41 root root    4096 Aug  3 05:37 tmp
drwxr-xr-x.   3 root root      19 Aug  3 05:41 usr
drwxr-xr-x.   2 root root       6 Jul 14 06:26 Videos
[root@linux111 ~]# ll usr/
total 0
drwxr-xr-x. 12 root root 131 Jul 14 06:19 local
[root@linux111 ~]#
```

图 14-2　查看释放效果

课 后 作 业

14-1 简述 3 种常见的压缩工具。

14-2 叙述 tar 命令的语法格式。

参 考 文 献

[1] 王良明. Linux 操作系统基础教程[M]. 北京：清华大学出版社，2022.

[2] 宋焱宏，张勇. Linux 操作系统基础[M]. 北京：水利水电出版社，2023.

[3] 李志杰，许彦佳. Linux 系统配置及运维项目化教程(工作手册式)[M]. 北京：电子工业出版社，2021.

[4] 白戈力. Red Hat Enterprise Linux 服务器配置实例教程[M]. 北京：机械工业出版社，2012.